Microsoft Azure

クラウドアプリ構築の
流れと手法がよくわかる!

アプリ開発入門ガイド

山田裕進 著

JN062071

C&R研究所

●本書の内容についてのお問い合わせについて

この度はC&R研究所の書籍をお買い上げいただきましてありがとうございます。本書の内容に関するお問い合わせは、「書名」「該当するページ番号」「返信先」を必ず明記の上、C&R研究所のホームページ(https://www.c-r.com/)の右上の「お問い合わせ」をクリックし、専用フォームからお送りいただくか、FAXまたは郵送で次の宛先までお送りください。お電話でのお問い合わせや本書の内容とは直接的に関係のない事柄に関するご質問にはお答えできませんので、あらかじめご了承ください。

また、環境に依存する個別のトラブル、Azureサブスクリプション(Azureアカウント)自体の開設・運用・料金などに関するお問い合わせについては、出版社および著者はお答えいたしかねます。公式サイト等をご確認ください。

〒950-3122 新潟県新潟市北区西名目所4083-6　株式会社 C&R研究所　編集部
FAX 025-258-2801
『クラウドアプリ構築の流れと手法がよくわかる！Microsoft Azureアプリ開発入門ガイド』
サポート係

はじめに

　Azure（アジュール）のようなクラウドサービスは、現代社会を影で支えており、電気、ガス、交通網などと同じように重要なインフラとなっています。本書を手に取られた皆様も、クラウドの利用・活用をお考えでしょう。

　クラウドを実際に利用する方法はさまざまです。企業内に存在する物理のサーバーやネットワークといったインフラをクラウドに移行できます。手間のかかる業務を、クラウドで提供されるアプリやサービスに置き換えていくこともできます。しかし、本当に重要なのは、皆様自身が、クラウドに対応する開発スキルを身に付け、問題解決に役立つさまざまなアプリやシステムを自力で開発できるようになることだと、私は考えています。

　本書の目標は「基礎的なプログラミングの知識をお持ちの読者が、クラウドに対応したアプリやシステムを開発できるようになること」です。本書をお読みいただくことで、クラウドネイティブな（クラウド利用を前提とした）アプリ開発の基礎知識が身に付き、Webアプリやコンソールアプリ、Dockerコンテナーを使用したアプリを作成できるようになります。本書で習得できる開発のスキルは、より高度なアプリ（モバイルアプリ、デスクトップアプリ、ゲームなど）を開発するのにも役立ちます。また本書は、自習・実習形式で、実際に操作をしながら読み進めることを想定しています。企業に所属する方はもちろん、個人の開発者や学生の方も本書を活用できます。

　マイクロソフトの公式のドキュメントや「Microsoft Learn」を利用して、.NETやAzureの学習を進めることもできます。本書はそれら膨大な資料から、アプリ開発者にとって特に重要なポイントを抽出し、学習しやすい順に整理していますので、迷子にならずに、効率よく学習を進められます。

　本書が、世の中を良くするための素晴らしいアプリやシステムの開発に役立つことを願っています。

2023年8月

テクニカルトレーナー
山田 裕進

本書の方針と構成について

●本書の執筆方針

本書は、原則として、以下の方針に従って執筆しています。

- 本書が対象とするAzureの各サービスについて、最も本質的な機能を取り上げ、アプリからの利用方法を解説します。たとえば、本書ではストレージアカウントのBlobをコードから扱う方法などを解説しますが、ストレージアカウントの可用性やデータ保護などについては解説しません。
- サンプルコードは、Azure SDKの基礎的な使い方の説明に重点を置き、本質的ではない処理は、紙面の都合により省略します。
- Azureの操作を簡潔・正確に表現するため、Azure CLIを使用します。
- セキュリティ向上と構成簡素化のため、原則として、認証にAzure AD認証、承認にAzureロールを使用し、アクセスキーなどの機密情報をコードや設定ファイルに記述しません。
- .NETの依存性注入(DI)や構成などの基本技術を解説し、活用します。これらの技術はあらゆる種類の.NET開発で活用できます。
- Azureのサービスや機能ではできるだけ無料または低価格のものを選択します。

●本書の想定読者

- Azureと.NET(C#)を利用したアプリ開発を学びたい方
- 基礎的なプログラミングの知識をお持ちの方

本書は、Azure自体の入門を想定したものではありません。Azure全般の基礎知識については拙著(共著)『全体像と用語がよくわかる! Microsoft Azure入門ガイド』(C&R研究所)をぜひご参照ください。また本書はプログラミング(C#)、Webアプリ(ASP.NET Core)、データベースの入門書ではありませんので、それらの基礎知識については必要に応じて、他の入門書などを合わせてご利用ください。

●本書の実行環境

本書の内容は、以下の環境で動作確認を行っています。

OS
- Windows 11 (22H2)
  ※x64(64ビット)CPU
- macOS Ventura
  ※Appleシリコン(M1)

プログラミング言語やCLI
- .NET SDK 7.0.306
- C# 11
- Azure CLI 2.50.0

CONTENTS

注意書き 2

はじめに 3

本書の方針と構成について 4

Chapter 1 Azureの概要を知る

01 Azureとは 10

02 Azureの利用パターン 14

03 Azureの利用を開始する 17

04 Azureの基本的な構造 21

05 Azureリソースの管理ツール 23

06 Azureの料金 27

Chapter 2 .NETの概要を知る

07 .NETとは？ 30

08 .NETによるアプリ開発 33

09 .NETにおけるコンソールアプリ開発の概要 38

10 .NETにおけるWebアプリ開発の概要 40

Chapter 3 開発環境のセットアップ

11 必要なソフトウェアのインストール 44

12 VS Codeの初期設定 51

13 Azure CLIの初期設定 60

14 サンプルコードの入手と実行 ────────── 62

15 サービスプリンシパルの作成 ────────── 64

16 開発者グループの作成 ──────────── 69

17 補助ツールのセットアップ ─────────── 74

Chapter **4**

C#プログラミングの
概要を知る

18 C#プログラミング演習① プロジェクトの作成と実行 ─── 76

19 C#プログラミング演習② NuGetパッケージの追加 ─── 83

20 C#プログラミング演習③ 依存性の注入（DI） ──── 90

21 C#プログラミング演習④ ロギング ──────── 96

22 C#プログラミング演習⑤ .NETの「構成」 ───── 99

23 C#プログラミング演習⑥ ConsoleAppFramework ─── 105

24 C#プログラミング演習⑦
ConsoleAppFrameworkでのDI ──────── 110

25 C#プログラミング演習⑧
ConsoleAppFrameworkでのロギング ───── 113

26 C#プログラミング演習⑨
ConsoleAppFrameworkでの「構成」の利用 ─── 117

27 C#プログラミング演習⑩ Webアプリの開発 ──── 121

28 C#プログラミング演習⑪ 非同期処理 ────── 127

Chapter **5**

Azureアプリ開発の
概要を知る

29 Azureアプリ開発の流れを理解する ─────── 132

30 Azure SDKについて理解する ───────── 135

31 Azureリソースの作成方法を理解する ────── 138

32 Azureのエンドポイントを理解する ─────── 143

33 Azureの認証を理解する ──────────── 145

34 Azure AD認証を行うためのライブラリ ───── 148

35 Azureのロールの種類を理解する ———————— 150

36 Azureのロールの割り当てを理解する ———————— 153

37 Azureのアプリ開発におけるポイント ———————— 156

Chapter **6**

Azure上の
データへのアクセス

38 Azure Blob Storageとは ———————————————— 158

39 Blob Storage演習:Blobアップロード・ダウンロード — 162

40 Azure Cosmos DBとは ———————————————— 169

41 Cosmos DB演習:JSONの読み書きを行うアプリ ——— 174

Chapter **7**

Azure上の機能の呼び出し

42 Azure Communication Servicesとは ——————— 184

43 Communication Services演習：
電子メールを送信するアプリ ———————————— 187

44 Azure Cognitive Servicesとは ————————————— 195

45 Speech Service演習：テキスト読み上げアプリ ——— 198

46 Computer Vision演習：画像キャプション生成アプリ — 205

Chapter **8**

Azure上でのコードの実行

47 Azure App Serviceとは ——————————————— 214

48 App Service演習：
画像をアップロードできるWebアプリ ——————— 216

49 Azure Functionsとは ————————————————— 225

50 Azure Functions演習：
画像のサムネイルを自動生成する関数 ━━━━━ 231
51 Azure Container Instances（ACI）とは ━━━━━ 241
52 ACI演習：
コンテナーをAzure上でビルドして実行する ━━━━━ 247

Chapter **9**

Azureを使用した
アプリの監視

53 Azureのモニタリング（監視）サービス ━━━━━ 256
54 Application Insightsとは ━━━━━ 261
55 Application Insights演習①：
コンソールアプリのモニタリング ━━━━━ 264
56 Application Insights演習②：
Webアプリのモニタリング ━━━━━ 272

Chapter **10**

Azureによる
機密情報と構成の管理

57 Azure Key Vaultとは ━━━━━ 280
58 Key Vault演習：シークレットを読み取るアプリ ━━━━━ 284
59 Azure App Configurationとは ━━━━━ 289
60 App Configuration演習：構成を読み取るアプリ ━━━━━ 294

Appendix Azureや.NETの公式サイト集 ━━━━━ 301

索引 ━━━━━ 302

Chapter 1

Azureの概要を知る

本章では、Azure（アジュール）の概要を説明します。なお、Azureに関するより包括的な解説については、拙著（共著）『全体像と用語がよくわかる！ Microsoft Azure入門ガイド』（C&R研究所）をぜひ本書と合わせて参照してください。

Section 01

Azureとは

本書ではAzureを使ったさまざまなアプリを開発していきます。まずは、クラウドサービスである「Azure」（アジュール）について説明します。

Microsoft Azureとは

Microsoft Azure（以降、Azure） は、マイクロソフトが提供するクラウドサービスです。Azureは、コンピューティング（仮想マシンなど）、ストレージ、ネットワーク、データベース、AI、IoT、セキュリティ、DevOpsなど、200を超えるサービスを提供しています。以下のページで、サービスの名称と概要をジャンル別で確認できます。

• Azure製品を参照する

https://learn.microsoft.com/ja-jp/azure/?product=popular

Azureのすべてのサービス

　Azureの利用者は、必要なサービスや機能を組み合わせて、アプリやシステムを開発したり、オンプレミスのシステムをAzureに移行したりできます。

　クラウド市場において、Azureはこの数年間、シェアを拡大し続けています。金融・医療・製造・小売・ゲームなど、さまざまな業種・業界でAzureが採用されています。また、Azureは、日本政府の共通クラウド基盤「ガバメントクラウド」にも採用されています。詳しくは「事例集」などの公式情報で確認できます。

・Azure事例集

https://www.microsoft.com/ja-jp/biz/nowon-azure/default.aspx

Azureのさまざまなメリット

　Azureを利用することで得られる代表的なメリットを説明します。

● ①オンデマンドでリソースを使える

　Azureでは、数分で、必要なリソース（仮想マシン、ストレージアカウントなど）を作成して利用できます。そのため、Azureの利用者は、サーバー、ネットワーク、ストレージなどの物理的な機材を自分で（自社で）で調達・運用する必要がなくなり、**アプリの開発など、より重要な作業に注力できます**。たとえば、さまざまなOSやソフトウェアが組み込まれた仮想マシンをすぐに利用できます。

Azureの仮想マシンですぐに利用できるOS

● ②最新の技術がすぐに使える

　Azureの世界は進化が速く、毎週のように新サービスや新機能が追加されています。たとえば、2023年1月には、コンテンツの生成、要約、予測、インテリジェントな対話などを可能とするAIサービス「Azure OpenAI Service」の提供が開始されました。

・Azure OpenAI Service一般提供開始に関するブログ
https://techcommunity.microsoft.com/t5/educator-developer-blog/
azure-openai-is-now-generally-available/ba-p/3719177

Azure OpenAI Service

　その他にも、コンテナー、IoT、ビッグデータ分析、量子コンピューティング、仮想デスクトップのサービスなどが追加されています。クラウドの利用者は、これらの最新技術をすばやく導入して、革新的なアプリやシステムを開発できます。

● ③インフラを低コストで使える

　Azureを利用すれば、インフラに対する大きな初期投資は不要となります。Azureのサービスの多くは、使った時間や保存したデータ量に比例した料金で利用できます（**従量課金やサーバーレス**）。また、実際の使用量に合わせて仮想マシンなどの台数を増減できます（**スケーリング**）。不要になったリソースはすぐに削除して、コストを削減できます。

　そして「Azure無料アカウント」や、常に無料で使用できるサービス範囲も多数あります。

・**Azureの無料アカウント**

https://azure.microsoft.com/ja-jp/free/

Azureで使える無料のサービス

Azureのリージョン

Azureでは、60を超える**リージョン**（データセンターの集まり）を利用できます。リージョンによって、アプリやデータの運用場所が決まります。

たとえば、日本国内でアプリやシステムを運用したい場合は、「東日本」と「西日本」の2つのリージョンを利用できます。リージョン内に「仮想マシン」や「ストレージアカウント」などのリソースを作成して運用します。

世界中から利用されるような大規模なアプリやシステムを運用する場合は、世界中のAzureリージョンを活用することもできます。

・**Azureのグローバルネットワークとリージョン**

https://learn.microsoft.com/ja-jp/azure/networking/microsoft-global-network

世界中にあるAzureのリージョン

Section 02 Azureの利用パターン

　ここでは、アプリ開発において、Azureは具体的にどのようなケースで活用できるかを紹介していきましょう。ここでは、6つのパターンを取り上げます。

①アプリのデータをAzure上に記録する

　アプリに入力されたデータをAzureに保存できます。 Azureには、オブジェクトストレージの「Azure Blob Storage」、SQLデータベースの「Azure SQL Database」、NoSQLデータベースの「Azure Cosmos DB」などを始めとする、多くのストレージやデータベースのサービスがあります。

　本パターンの詳細については、第6章で解説します。

アプリのデータをAzure上に保存するパターン

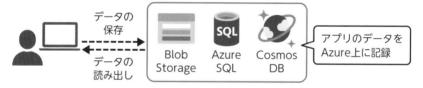

②Azureが提供する機能をアプリから利用する

　Azure上にあらかじめ用意されている、すぐに使用できる形で提供されている機能を、**アプリから呼び出して利用できます。** たとえば、メールの送信機能や、画像認識、音声合成、翻訳といったAI機能などをアプリに組み込めます。

　本パターンの詳細については、第7章で解説します。

Azureが提供する機能をアプリから利用するパターン

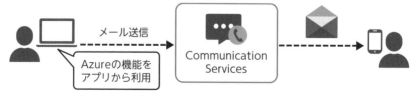

③アプリをAzure上で運用する

　開発したアプリをAzureの「コンピューティング」サービス上に配置（デプロイ）し、**アプリをAzure上で運用します。**たとえば、Webアプリなどを運用するための「Azure App Service」、小さな機能（関数）の単位で開発と運用を行う「Azure Functions」、コンテナー化されたアプリを運用するための「Azure Container Instances」などが利用できます。

　本パターンの詳細については、第8章で解説します。

アプリをAzure上で運用するパターン

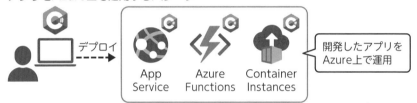

④Azureを使用してアプリを監視する

　監視（モニタリング）のサービスを利用して、**アプリが出力するログやイベントのデータをAzureで一元的に監視できます。**「Azure Application Insights」を使用すると、Azure上で稼働するアプリだけではなく、Azure外の環境（オンプレミス、他社クラウド、スマートフォン、パソコンなど）で稼働するアプリも監視できます。

　本パターンの詳細については、第9章で解説します。

Azureを使用してアプリを監視するパターン

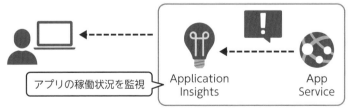

⑤アプリの設定をAzureで管理する

　アプリの設定やアプリが使用する機密情報をAzure上に記録し、アプリからそれを読み込むようにします。これにより、**アプリの設定をAzure上で一元管理できます。** 一般的なアプリの設定値や「機能フラグ」（特定機能のON・OFF）の管理には「Azure App Configuration」を使用し、パスワードなどの機密情報の管理には「Azure Key Vault」を使用します。

　本パターンの詳細については、第10章で解説します。

アプリの設定をAzureで管理するパターン

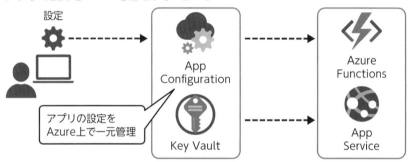

⑥アプリからクラウド上のリソースを管理する

　多くの場合、Azureリソースは公式のツールを使用して事前に作成しておき、アプリからはそのリソースに接続して、リソース内のデータの読み書きを行いますが、**アプリからAzureのリソース自体を操作（作成、変更、一覧取得、削除など）することも可能です。** たとえば、リソースグループ、仮想マシン、ストレージアカウント、データベースなどのAzureリソースを動的に作成するようなツールを自作できます。

アプリからクラウド上のリソースを管理するパターン

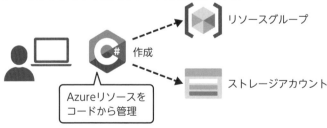

Section 03 Azureの利用を開始する

本書の内容を実施するには「Azureサブスクリプション」が必要です。 まだAzureサブスクリプションを持っていない場合は、新しいAzureサブスクリプションを準備しましょう。

おおまかな流れは以下のようになります。

① Microsoftアカウントまたは GitHubアカウントの作成
② Azureへのサインアップ（利用開始の手続きを行う）。するとAzureサブスクリプションが作成される

 ① Microsoftアカウントまたは GitHub アカウントの作成

Azureへのサインアップに先立ち、**Microsoftアカウント**または **GitHubアカウント**が必要です。いずれも無料で作成できます。

事前に準備するアカウントの種類

アカウントの種類	概要	アカウントの作成ページ
Microsoft アカウント	Outlook、OneDrive、Microsoft 365、Xboxなどの各種サービスを利用できる	https://account.microsoft.com/account
GitHub アカウント	GitHub上にソースコードをホスティングし共同開発ができる	https://github.com/join

Microsoftアカウントの作成ページ

アカウントを作成するには［サインイン］をクリック

1
Azureの概要を知る

②Azureへのサインアップ

　次に、Azureへのサインアップ（利用開始の手続き）を行い、「Azure無料アカウント」を作成しましょう。おおまかな流れは以下の通りです。

① 「https://azure.microsoft.com/ja-jp/free/」にアクセス
②前ページで作成した「Microsoftアカウント」または「GitHubアカウント」でサインイン
③氏名、メールアドレス、電話番号、クレジットカードの情報などを入力

　サインアップが完了すると、Azureの操作画面である**Azure portal**が表示されます。[ツアーの開始]をクリックすると、Azure portalの各部の説明が表示されます。

サインアップ直後のAzure portalの画面

　なお、Azureの利用を開始する方法については、巻末の付録（P.301参照）にも、具体的な手順を説明したドキュメントや動画へのリンクを掲載しているので、そちらも参考にしてください。

「Azure無料アカウント」の利用

　Azureを初めて利用する場合、**Azure無料アカウント**によって、最初の30日間に使用できる「200ドルのAzureクレジット」と、「12ヶ月の無料サービス」が提供されます。また、「常に無料のサービス」も利用できます。

Azure無料アカウントで提供されるもの

提供されるサービス	概要	期限
200ドルの Azureクレジット	無料ではないサービスやAzureリソースを使用すると、このクレジットから料金が差し引かれる（ここでいう「クレジット」は、クレジットカードとは別のものを指すのに注意）	無料アカウント作成から30日間
12ヶ月の 無料サービス	仮想マシン（VM）、ロードバランサー、ストレージなどのサービスを利用可能	無料アカウント作成から12ヶ月
常に無料の サービス	仮想ネットワーク、App Service、Azure Functionsなどのサービスを利用可能	いつでも無料（期限なし）

　Azure無料アカウントでは、クレジットカードに課金されることはないため、安心して無料のサービスを利用できます。
　Azure無料アカウントの詳細については、以下のページで確認してください。

• **Azure無料アカウントに関するFAQ**
https://azure.microsoft.com/ja-jp/free/free-account-faq/

 「従量課金制」へのアップグレード

　Azure無料アカウントの「Azureクレジット」の残高がなくなるか、無料アカウント作成から30日が経過すると、Azureサービスにアクセスできなくなります。**Azureを引き続き使用するには、アカウントをアップグレードする必要があります。**
　Azure無料アカウントは「**従量課金制**」にアップグレードできます。アップグレードすると、クレジットカードによる料金の支払いを利用して、Azureの利用を続けることができます。
　アップグレードを行うには、Azure portalでサブスクリプションを表示し、[アップグレード]をクリックします。

アカウントを保護する方法

Androidと iOSのスマートフォンなどにインストールできる、無料の**Microsoft Authenticator アプリ（以降、Authenticator アプリ）** を利用して、Microsoft アカウントや Azure アカウントを保護しましょう。アカウントは、Azure だけではなく、その他のさまざまなサービスへのサインインにも利用されるので、アカウントの保護は極めて重要です。

Authenticator アプリをセットアップしておくと、アプリをインストールしたスマートフォンの所有者（正規のユーザー）以外の不正なユーザーがサインインすることを防止できます。

以下のダウンロードページにアクセスしたら、このページ上の指示に従って、お手持ちのスマートフォン上で、Authenticator アプリをセットアップしましょう。

- Authenticatorをダウンロード
  https://www.microsoft.com/authenticator

それ以降は、Microsoft アカウントや、Azure へのサインインの際に、Authenticator アプリに「サインイン要求」が送信されるようになります。ユーザーは、スマートフォンのロックを解除して、Authenticator アプリで「サインイン要求」を承認します。これにより、サインインが完了します。

Section 04 Azureの基本的な構造

Azureのリソースを管理するための基本的な構造（Azureサブスクリプション、リソースグループ、リソース）について、解説しておきましょう。なお、本書ではリソース管理のしくみの1つである、「管理グループ」の説明は割愛します。

 ## Azureサブスクリプション

Azureを利用するためには、**Azureサブスクリプション（以降、サブスクリプション）**が必要です。サブスクリプションは、**Azureの課金とリソース（リソースグループ）を管理する単位**です。基本的には、一度作成されたら、長期間にわたって使用されます。もし、サブスクリプションが不要になった場合は、キャンセル（解約）もできます。

Azureにサインアップを行うと、新しいサブスクリプションが1つ作成されます。以降、本書ではこのサブスクリプションを使用します。

リソースグループ

Azureのリソースを作成する際は、それらを格納する**リソースグループ**が必要です。**リソースグループは、サブスクリプションの下位の構造です。**

リソースグループは、関係のある複数のリソースを束ねて扱うのに役立ちます。たとえば本書では、演習ごとにリソースグループを作り、その中に、Azureリソースを作ります。演習が終わったら、演習用のリソースグループを削除します。リソースグループを削除すると、**その中にあるすべてのリソースがまとめて削除されます。**

Azureのリソース

　Azureの各サービスを使用するには、**リソースグループの中に、サービスに対応するAzureのリソースを作成します**。たとえば、オブジェクトストレージのサービスを使用する場合は「ストレージアカウント」、NoSQLデータベースのサービスを使用する場合は「Cosmos DBアカウント」、Azure上でWebアプリを運用する場合は「App Serviceプラン」と「App Serviceアプリ」というリソースを作ります。

サブスクリプション、リソースグループ、リソースの関係

　リソースグループやリソースの具体的な作成方法は、以降の章で解説します。

Azureリソースの
管理ツール

　ここでは、Azureリソースの作成、変更、一覧、削除などの管理を行う標準的なツール類を7通り紹介します。

①Azure portal

　Azure portalとは、Webブラウザからアクセスして利用できる、Azureの管理画面です。リソースの一覧表示、新規作成、変更、削除、リソース内のデータの操作などを、直感的にすばやく実行できます。

・Azure portal
https://portal.azure.com

Azure portalの利用例

②Azure Cloud Shell

　Azure portalに組み込まれているシェル環境である**Azure Cloud Shell**を起動すると、Webブラウザ内で、BashまたはPowerShellをすぐに利用できます。

この環境には、Azure CLIや Azure PowerShell などのコマンドラインツールがインストールされており、これらを使用して、コマンドによる Azure 操作を実行できます。

Azure Cloud Shellの利用例

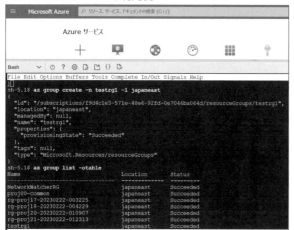

 ③コマンドラインツール(Azure CLIとAzure PowerShell)

Azure CLIは、クロスプラットフォームの、Azure操作用コマンドです。

また、**Azure PowerShell**は、PowerShellのモジュールの一種です。このモジュールをPowerShellに組み込むことで、Azureの操作を行うためのコマンドレットが追加されます。

これらのツールは、開発環境などにインストールして利用することもできます。

④IaCのツール(ARMテンプレートとBicep)

ARMテンプレートでは、JSON形式で複数のリソースを定義し、Azureにリソースをデプロイ(作成)できます。

Bicep(バイセップ)では、ARMテンプレートよりもシンプルでわかりやすい文法でリソースを定義し、Azureにデプロイできます。

これらは**IaC (Infrastrunture as Code)** を実現します。IaCとは、インフラの構成をコード化することです。

Bicepファイルの例（Cosmos DBアカウント）

```
// Cosmos DBアカウント
resource account 'Microsoft.DocumentDB/databaseAccounts@2022-08-15' = {
  name: accountName
  location: location
  kind: 'GlobalDocumentDB'
  properties: {
    capabilities: [
      {
        name: 'EnableServerless'
      }
    ]
    databaseAccountOfferType: 'Standard'
    locations: [
      {
        locationName: location
        isZoneRedundant: false
        failoverPriority: 0
      }
    ]
  }
}
```

なお、本書の演習ではBicepを利用します。

 ## ⑤Azure SDKの「マネジメントライブラリ」

Azure SDK（Azureの利用／管理のためのライブラリ。P.34参照）に含まれる**マネジメントライブラリ**を使用することで、リソースグループやリソースそのもの（ストレージアカウントなど）を操作するアプリを作成できます。

 ## ⑥REST API

AzureのREST APIのエンドポイント（management.azure.com）に対してリクエストを送ることで、リソースを管理することができます。ここまで紹介した、Azure portal、コマンドラインツール、IaCツール、Azure SDKなども実は裏側ではAzure REST APIを呼び出すことで、Azureの操作を行っています。通常のAzure利用において、REST APIの利用が直接必要な場面はめったにありませんが、ツールでサポートされていないような操作を行いたい場合などに、REST APIを利用することがあります。

- **Azure REST APIリファレンス**
  https://learn.microsoft.com/ja-jp/rest/api/azure/

⑦Visual Studio Code

Visual Studio Code（以降、**VS Code**）はクロスプラットフォームのテキストエディタです。「Azure Tools拡張機能」を追加することで、一部の種類のAzureリソースの管理やデータの操作をVS Codeから実行できます。

VS CodeからCosmos DBを操作

 ツールの使い分けの例

以上のようにいろいろなツールがあり、それぞれに利点があります。Azureの操作に慣れるにつれ、いくつかのツールを組み合わせて使っていくことになるでしょう。以下はツールの使い分けの例です。

- Azureリソースを初めて利用する場合や、Azureの操作に慣れていない場合は、Azure portalを使用する。
- VS Codeを使用してコードを開発しつつ、Azureの操作を行いたい場合は、VS Codeの拡張機能を使用する。
- リソースの作成を繰り返す場合や、リソースをすばやく作成したい場合は、Azure CLIやAzure PowerShellで、リソースの作成をスクリプト化する。または、ARMテンプレート・Bicepでリソースを定義し、Azure CLIなどを使用してリソースをデプロイ（作成）する。
- リソースを管理するツール類を開発する場合は、Azure SDKを使用する。
- ツール類でサポートされていないような特殊なリソース操作を行う場合は、REST APIを使用する。

Azureの料金

　本格的にAzureの利用を開始する前に、Azureの料金についても確認しておきましょう。ただし、本書で案内する演習でAzureを使用する場合、それほど高額な費用は発生しないはずです。

 ## Azure無料アカウント

　Azureに初めてサインアップした場合は、**Azure無料アカウント（無料試用版のサブスクリプション）** が活用できます。これを使用している間は、クレジットカードに請求が発生することはないので、安心してAzureを使用できます。
　試用版の利用が終了すると、Azureのサービスが使用できなくなります。継続してAzureを使用するには「従量課金制」へのアップグレードが必要です（P.19参照）。アップグレードした場合は、使用した料金の支払いが必要となるので、気をつけましょう。

 ## Azureの料金は従量課金制

　Azureに限らず、クラウドは基本的に有料のサービスです（「サービス」＝無料、ではありません）。無料で使えるリソースや機能もありますが、それ以外のサービスでは、基本的に、**従量課金制で料金が発生します**。つまり、サービスを使用した時間、機能の呼び出しの回数、保存したデータ量などに応じて、料金が発生します。コストの管理と支払いは、クラウドの利用者の責任であることに注意してください。

 ## 各サービスの料金

　Azureの各サービスの具体的な料金については、公式の「Azureの価格」ページで確認できます。また**Azure料金計算ツール**を使用すると、料金の見積もりを算出できます。

- 参考：Azureの価格
  https://azure.microsoft.com/ja-jp/pricing/
- 参考：料金計算ツール
  https://azure.microsoft.com/ja-jp/pricing/calculator/

　実際に発生している料金や、料金の予測については適宜、Azure portalの「コストの管理と請求」の「コスト分析」で表示して確認するとよいでしょう。

- 参考：コストの分析
  https://learn.microsoft.com/ja-jp/azure/cost-management-billing/costs/cost-analysis-common-uses

　また、「コストアラート」を設定しておくことで、コスト発生状況のメール通知を受け取ることも可能です。

- 参考：コストアラート
  https://learn.microsoft.com/ja-jp/azure/cost-management-billing/costs/cost-mgt-alerts-monitor-usage-spending

料金の節約方法

　本書ではこのあとの章で、Azureを使用した多数の開発演習を行います。必要最小限の料金に抑えるためには、以下のようにするとよいでしょう。

- 無料、または低額のサービスを選択する。Azureのリソースの作成時には、Free、Basic、Standard、Premiumといったような「価格レベル」や「SKU」（Stock Keeping Unit。スキュー。サービスの種類のこと）が選択できる場合がある。学習の用途では、FreeやBasicを活用する。これらのリソースは、作成できる個数や使用できる機能などが限られている場合があるが、無料または低額で利用でき、本書の範囲の学習目的では十分役に立つ。
- サーバーレスのサービスを活用する。サーバーレスのサービスでは、使っていない間のコンピューティング料金は発生しない。
- 演習が終わったら、不要なリソースは削除する。リソースグループを削除すると、その中に含まれるリソースをまとめて削除できるので、削除漏れが防げる。

Chapter

2

.NETの概要を知る

本章では、.NETの概要を説明します。.NET を使用すると、さまざまな種類のアプリを開発できます。しっかり学んでおきましょう。

.NETとは？

Azureを利用するアプリの開発では、さまざまなプログラミング言語を利用できます。本書の演習では、.NET（C#）を使用します。ここでは、.NETの概要を説明していきましょう。

.NETとは

.NETは、さまざまな種類のアプリの開発と実行に対応したフレームワークであり、無料で利用できます。.NETを使用して作れるアプリは、デスクトップアプリ、モバイルアプリ、Webアプリ、Web API、コンソールアプリ、ゲーム、マイクロサービス、IoTシステム、チャットボットなど多岐にわたります。.NETは20年以上にわたって継続的に機能強化と改善が行われており、現在も活発に開発が行われています。

・.NETとは

https://dotnet.microsoft.com/ja-jp/learn/dotnet/what-is-dotnet

.NET

.NETの最新バージョン

　本書執筆時点での.NETの最新バージョンは「.NET 7」です。Azure App Serviceや Azure Functions などの Azure のサービスでも、.NET 7 がサポートされています。本書の演習でも、.NET 7を使用します。

　なお、「.NET 8」が2023年11月にリリースされる予定となっています。基本的に、.NET 7向けに開発したコードは、より新しいバージョンの.NETでも、大きな修正をすることなく動作するでしょう。

 ## .NETのサポート期間

　.NETのバージョンは奇数のものが「**標準期間サポート（STS）**」、偶数のものが「**長期サポート（LTS）**」となっています。STSとLTSでは、無料のサポートとパッチが入手できる期間（サポート期間）が異なります。

.NETのサポート期間

名称	対象バージョン	サポート期間
標準期間サポート（STS：Standard Term Support）	.NET 5、7、9……	18ヶ月
長期サポート（LTS：Long Term Support）	.NET 6、8、10……	3年間

　たとえば、本番環境でシステムを長期間稼働させる予定であれば、より長いサポート期間が利用できるLTSを採用する、といったように、要件に応じてSTSまたはLTSを選択できます。

　サポート期間について詳しくは、以下で確認できます。

- **.NET および .NET Core サポートポリシー**
  https://dotnet.microsoft.com/ja-jp/platform/support/policy/dotnet-core

 ## .NETが対応する環境

　.NETは、**クロスプラットフォームのフレームワーク**です。Windows、Linux、macOSなどのプラットフォームで動作し、またこれらのプラットフォーム向けのアプリを開発できます。x86（32ビット）、x64（64ビット）、Arm32、Arm64など、さまざまなCPUアーキテクチャにも対応しています。.NET 6からは、Appleシリコン（Arm64）のmacOSにも対応しています。

.NETで使用できるプログラミング言語

　.NETの開発では、C#、F#、Visual Basicの3種類のプログラミング言語が使用できます。**本書の演習では、C#（シーシャープ）を使用します。**

　C#は、オブジェクト指向をサポートするプログラミング言語であり、C／C++／Javaなどのプログラミング言語に近い文法（if-else、forなど）や概念（クラス、メソッド、例外など）を持つため、多くのプログラマにとって馴染みやすい言語です。

　C#は.NETと合わせて活発に開発が続けられており、バージョンが上がるごとに、開発に役立つ新機能が追加されています。本書執筆時点でのC#の最新バージョンは「C# 11」です。これは「.NET 7」に含まれています。

 ## .NETの実装

　.NETには「.NET Framework」と「.NET」などの実装があります。

　2002年に、Windows向けのアプリ開発・実行フレームワークである「.NET Framework」の提供が開始されました。現在も提供が続けられていますが、バージョン4.8が最後のメジャーバージョンであるとされています。

　それと並行して、2016年に、クロスプラットフォーム（Windows、Linux、macOSに対応）の「.NET Core 1.0」が登場し、オープンソースソフトウェアとしてリリースされました。以降、1.1、2.0……とバージョンアップを続けています。「.NET 5」以降は、名前から「Core」が取れました。

.NET Frameworkと.NET

名称とバージョン	対応プラットフォーム
.NET Framework 4.8	Windows
.NET 7	Windows、Linux、macOS

　将来性や、複数のプラットフォームへの対応を考慮すると、**今後の新規開発では「.NET Framework」ではなく、クロスプラットフォームの「.NET」を採用するとよいでしょう。**

.NETによるアプリ開発

ここでは、.NETのアプリ開発で使用される技術やツールの概要を解説します。Azureのアプリ開発でも、これらがよく組み合わせて使用されます。

 ## .NETのフレームワーク

.NETを使用したアプリ開発では、以下のような標準的なフレームワークやライブラリが使用されます。これらを使うと、.NETでのWebアプリやモバイルアプリ開発がしやすくなります。

.NETの主なフレームワークやライブラリ

名称	概要
ASP.NET Core（エーエスピードットネット コア）	Webアプリ、Web API、gRPCクライアント・サーバーなどの開発用のフレームワーク
.NET MAUI（マーウイ。Multi-Platform App UI）	モバイルアプリ・デスクトップアプリ開発用のフレームワーク
Xamarin（ザマリン）	iOSやAndroidなどで動作するモバイルアプリ開発用のフレームワーク（2024/5/1サポート終了）
Blazor（ブレーザー）	JavaScriptの代わりにC#を使用してクライアント側（Web UI）を開発できる、Webアプリ開発用フレームワーク
Microsoft Orleans（オーリンズ）	堅牢でスケーラブルな分散アプリケーションを構築するためのクロスプラットフォームフレームワーク
Entity Framework Core（エンティティフレームワークコア）	データベースアクセスのためのオブジェクトデータベースマッパー。テーブル定義やデータのCRUD（Create／Read／Update／Delete）、LINQ（Language-Integrated Query、統合言語クエリ）を使用したデータの検索などをすばやく実装できる
ML.NET	.NET開発者向けの機械学習フレームワーク。機械学習モデルの構築や、モデルを利用するアプリを開発できる
SignalR（シグナルアール）	WebSocketなどを使用したリアルタイムWeb機能をアプリに簡単に追加できるオープンソースライブラリ。チャットや、新着データの通知機能などを開発できる

2　.NETの概要を知る

また、Azureやマイクロソフトのサービスを利用するためのSDKやライブラリとしては、次のようなものがあります。これらは、.NETに加え、その他の言語でも利用できます。

Azureやマイクロソフトのサービスを利用するためのSDKやライブラリ

名称	概要
Azure SDK	Azureの利用／管理のためのライブラリ。.NETのほか、Java、JavaScript、TypeScript、Python、Go、C/C++、Android、iOSに対応
MSAL（エムサル。Microsoft Authentication Library）	Microsoft IDプラットフォームで認証を行うアプリ用のライブラリ。.NETのほか、JavaScript、Java、Python、Android、iOSに対応
Microsoft Graph SDK	Microsoft 365などのサービスにアクセスするためのライブラリ
Bot Framework SDK	ボットを開発するためのライブラリ、ツール、サービスのコレクション。C#、JavaScriptなどに対応

本書のこのあとの章では、上記のうち、「Azure SDK」、「ASP.NET Core」、「Entity Framework Core」を使用します。ここで少し解説しておきましょう。

 ## Azure SDK

アプリからAzureのサービスを利用したり、Azureのリソースを操作したりするには、**Azure SDK**を使用します。Azure SDKは、.NETのほかに、Java、JavaScript/TypeScript、Python、Goなどの言語にも対応したものが提供されています。また、Azure SDKには「クライアントライブラリ」と「マネジメントライブラリ」が含まれています。

クライアントライブラリとマネジメントライブラリ

ライブラリの種類	概要
クライアントライブラリ	Azureのサービスを利用するためのライブラリ。例えば、Blobのアップロード・ダウンロード、Cosmos DBの読み書き、AzureのAIサービスの利用などを行える
マネジメントライブラリ	Azureのリソースを操作するためのライブラリ。例えば、リソースグループ、ストレージアカウント、Cosmos DBアカウントなどのリソースを作成、削除、一覧、変更したり、ロールの割り当てを管理したりできる

Azure SDKについては、第6章以降で詳細な解説と演習を行います。

 ## ASP.NET Core

Webアプリ開発のための.NET標準のフレームワークとして、ASP.NETと
ASP.NET Coreがあります。なお、名前に「Core」が付くものがクロスプラット
フォームの.NET用、付かないものが「.NET Framework」用となっています。

Webアプリ開発のための.NET標準のフレームワーク

.NETの種類	Webアプリ用フレームワーク
.NET Framework 4.8	ASP.NET 4.8
.NET 7	ASP.NET Core 7.0

ASP.NET Coreについては、本章の「.NETにおけるWebアプリ開発の概要」
で詳細な解説を行います。

 ## Entity Framework Core

SQL Server、Oracle Database、MySQL、PostgreSQLのようなリレーショ
ナルデータベース、あるいはCosmos DBのようなNoSQLデータベースにアクセ
スするためのライブラリ（オブジェクト データベース マッパー）として、.NET標
準の「Entity Framework」が利用できます。なお、こちらもASP.NETと同様、
名前に「Core」が付くものがクロスプラットフォームの.NET用、付かないもの
が.NET Framework用となっています。

.NET標準のデータアクセスのライブラリ

.NETの種類	データアクセスのライブラリ
.NET Framework 4.8	Entity Framework 6.0
.NET 7.0	Entity Framework Core 7.0

Entity Frameworkの詳細については、以下も参照してください。

• **Entity Frameworkリリースと計画**
https://learn.microsoft.com/ja-jp/ef/core/what-is-new/

2

.NETの概要を知る

本書で解説するアプリの種類

　本章の冒頭で紹介したように、.NETはさまざまな種類のアプリ開発に対応しています。本書の演習では、以下のようなアプリの開発方法と、開発したアプリをAzure上で動かす方法を説明します。

本書で解説するアプリの種類

アプリの種類	概要
コンソールアプリ	コマンドを使用して起動され、何らかの計算処理や、データベースとの通信などを実行し、処理結果をコンソールやファイルなどに出力するような、基礎的なアプリ。オンプレミスのサーバーや開発環境上で利用する、CI/CDパイプラインで実行されるタスクとして利用する、コンテナーアプリ化してAzure上で実行する、などの運用方法がある
コンテナーアプリ	DockerやKubernetesの上で稼働するアプリ。従来使われてきた「サーバー仮想化」よりも軽量（すばやく起動し、省メモリ）な「コンテナー仮想化」技術が使用される。各コンテナーには、アプリ（または、WebサーバーやDBサーバーなどの機能）を提供するために必要なコード、ランタイムなどがパッケージングされている。高いポータビリティ（可搬性）を持ち、Azureを含むさまざまな環境で実行できる
Webアプリ	Webブラウザなどでアクセスされるアプリ。Webアプリは、Webサーバーやアプリケーションサーバー上で常駐型で稼働し、HTTPリクエストによって処理を開始し、短時間で処理（データの登録や検索など）を行い、結果をHTTPレスポンスで返す。Azure App Serviceなどの、Webアプリのホスティングに対応したサービスを使用して運用できる
関数アプリ	データの発生などの「イベント」をきっかけとして起動し、短時間で特定の処理を行うアプリ。データの変換や登録など、シンプルな機能を「関数」（C#の「メソッド」など）の形で実装し、関数単位でデプロイする。Azure Functionsなどで運用できる

　本書で解説する技術は、プロジェクトの種類を問わず、さまざまなアプリやシステムの開発で応用できます。たとえば、第6章で解説する、Azureのデータを読み書きするコードは、デスクトップアプリやモバイルアプリのプロジェクトで使用することも可能です。

 .NETのアプリ開発に必要なツール

　.NETのアプリ開発で最低限必要なツールは、.NET SDKとVS Codeの2つだけです。

.NETのアプリ開発に必要なツール

開発ツール	概要
.NET SDK (Software Development Kit)	.NETアプリの開発と実行に必要なソフトウェアをまとめたもの。「dotnet」コマンドを使用して、プロジェクトの作成や実行ができる。無料で利用できる
VS Code	テキストエディタであり、シンタックスハイライト、コード補完 (IntelliSense)、コンパイルエラーや警告の表示、デバッグ実行など、コーディングを支援する機能を利用できる。C#のサポートや、Azureの操作などの、さまざまな機能を「拡張機能」として追加できる。無料で利用できる

　本書で使用する各ツールの詳しいインストール方法については、第3章で解説します。

Column ● **Visual Studio**

　本格的なシステム開発では、より高機能な統合開発環境 (IDE：Integrated Development Environment) である**Visual Studio**を利用できます。Visual Studioのラインナップには、Windows用の「Visual Studio」、macOS用の「Visual Studio for Mac」があります。

- **Visual Studioのダウンロード**
  https://visualstudio.microsoft.com/ja/

Visual Studioのダウンロードページ

Section 09
.NETにおけるコンソール アプリ開発の概要

　ここでは、.NETによるコンソールアプリ開発の概要について解説します。コンソールアプリは、最もシンプルな種類のアプリなので、Azureを使用する最初のコードを記述する場合にもよい選択肢となります。また、コンソールアプリの開発で使用できるさまざまな技術や知識は、多くの場合、別の種類のアプリ（Webアプリ、モバイルアプリ、デスクトップアプリ、ゲームなど）の開発でも応用できます。

⬤ コンソールアプリとは

　コンソールアプリは、WindowsのPowerShellやコマンドプロンプト、macOSのターミナルなどで実行されるアプリです。コマンドを入力してコンソールアプリを起動すると、必要な処理（データの処理など）を行い、処理結果を画面などに出力します。

コンソールアプリの例

⬤ コンソールアプリの使用方法

　ユーザーが直接コンソールアプリを起動して対話的に操作することもできますが、BashやPowerShellを使用してシェルスクリプトを組み、その中でコンソールアプリを起動することで、定型的な処理を自動化することも可能です。

.NETによるコンソールアプリの開発

コンソールアプリを開発する際に、オープンソースのフレームワークである **ConsoleAppFramework** を使用することもできます。

ConsoleAppFrameworkは**「CLI（コマンドラインインターフェース）ツール、デーモン、およびマルチバッチアプリケーションを作成するためのインフラストラクチャ」** です（ConsoleAppFramework の ReadMe.md より）。ConsoleAppFrameworkによって、コンソールアプリのクラスの各メソッドをコマンドとして起動できます。これにより、1つのコンソールアプリに複数の機能を実装し、個別に呼び出すということが容易に実現でき、コマンドラインからの引数の受け渡しも簡単に実装できます。また、ConsoleAppFrameworkにより、DI（依存性注入）、ログ出力、構成などのしくみをとても簡単に利用できます。

ConsoleAppFrameworkを利用するコンソールアプリでは、たとえば以下のようにして実行します。この場合、SendMailというメソッドが実行され、そのメソッドに、to、subject、bodyという3つの引数が渡されます。

ConsoleAppFrameworkの利用例

```
dotnet run send-mail \
    --to "developer@outlook.com" \
    --subject 'テストメール' \
    --body 'これは ConsoleAppFramework の呼び出し例です'
```

• **参考：ConsoleAppFramework の GitHub リポジトリ**
https://github.com/Cysharp/ConsoleAppFramework

 コンソールアプリの運用例

完成したコンソールアプリは、開発環境（開発者が使用しているパソコン）で運用できます。また、オンプレミスのサーバーなどにデプロイして運用することも可能です。

開発したコンソールアプリをDockerなどを使用してコンテナー化することで、Azureのコンテナーに対応したサービスにデプロイして運用できます。たとえば、Azure Container Instances、Azure Container Apps、Azure Kubernetes Serviceなどでコンテナーを実行できます。コンソールアプリをコンテナー化し、Azure上で実行する方法については、第8章で解説します。

Section 10

.NETにおける
Webアプリ開発の概要

ここでは、.NETによるWebアプリ開発の概要について解説します。開発した
Webアプリは、Azure App Serviceなどにデプロイ（配置）して運用できます。

Webアプリとは

Webアプリは、主にWebブラウザから利用されるアプリです。一般的なパソコ
ン、スマホ、タブレットなどにはWebブラウザが搭載されているため、利用者は
アプリを事前にインストールすることなく、すぐにWebアプリを利用できます。
WebアプリとWebブラウザの間の通信プロトコルとしてはHTTP（Hypertext
Transfer Protocol）やHTTPS（Hypertext Transfer Protocol Secure）を使
用します。

Webアプリは、Webブラウザからのリクエストを受け取り、データの加工や
保存、外部のAPIの呼び出しなどの、必要な処理を行います。**処理結果は主に
HTMLとして出力されます**。Webブラウザは、Webアプリが出力したレスポンス
に含まれるHTMLなどをレンダリング（描画）し、画面に表示します。

Webアプリの運用例

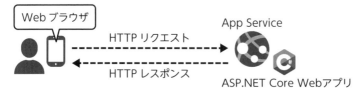

ASP.NET Coreとは

.NETでWebアプリやWeb APIを開発するためのフレームワークとして、.NET
SDKに付属する**ASP.NET Core**があります。

開発環境では、Visual StudioやVS Codeを使用することで、Webアプリをす
ばやく開発できます。

• 参考：ASP.NET Coreの概要

https://learn.microsoft.com/ja-jp/aspnet/core/introduction-to-aspnet-core

ASP.NET Core では、次のような種類のWebアプリを作成できます。

ASP.NET CoreのWebアプリ

種類	作成コマンドの例	概要
ASP.NET Core Web App	dotnet new webapp	Razor Pagesを使用するWebアプリ
ASP.NET Core Web App (MVC)	dotnet new mvc	モデル・ビュー・コントローラ (MVC) を使用するWebアプリ
ASP.NET Core Empty	dotnet new web	MVCやRazor Pagesを使用しないシンプルなWebアプリ

　Razor Pages (レイザーペイジズ) は、ASP.NET Coreを初めて使用する開発者に推奨とされています。

Razor Pagesとは

　Razor Pagesは「Razor構文」で書かれたページを基本とするWebアプリ開発のしくみです。

　Razor構文は、HTMLの中にC#のコードを埋め込むような構文です。たとえば、以下のような記述で、ファイルのアップロードや、ループによる多数の画像の出力などを行えます。

Razorページ(〜.cshtml)の例

```
@page
@model IndexModel

<form method="post" enctype="multipart/form-data" asp-action="Post">
    <input asp-for="Image" />
    <button>アップロード</button>
</form>

@foreach (var url in @Model.Urls)
{
    <img src="@url" width="200">
}
```

　基本的に、**HTMLページを出力する「Razorページ」(拡張子「.cshtml」)と、処理やデータを格納する「ページモデル」(拡張子「.cshtml.cs」)をセットで使用**

します。たとえば、Index.cshtml.csでデータベースへのアクセスを行い、Index. cshtmlでその結果を表示する、というように組み合わせて使用されます。

詳しくは、第4章の「Webアプリの開発」で解説します。

・**参考：ASP.NET CoreのRazor構文リファレンス**

https://learn.microsoft.com/ja-jp/aspnet/core/mvc/views/ razor?view=aspnetcore-7.0

Webアプリの運用

完成したWebアプリは、Azureへデプロイ（配置）して、Azure上で運用できます。Webアプリを運用できる主なサービスとして、Azure App Serviceがあります。詳しくは第8章で解説します。

Column ● **.NETで作成できるさまざまなアプリ**

.NET SDKを使用すると、ここまで紹介したもののほかにも、以下のようなソフトウェアを開発できます。

.NETで開発できるその他のソフトウェア例

名称	概要
Windows フォームアプリ	Windowsで稼働するGUIのアプリを開発できる
ワーカーサービス	キューに接続してメッセージの送受信を行うような、常駐型のプログラムを作成できる
gRPCサービス	Googleが開発したリモートプロシージャコール（RPC）のプロトコルであるgRPCを使用した通信を行うサーバーやクライアントを開発できる
Web API	Webアプリやスマホアプリのバックエンドなどとして運用されるAPIを作成できる
クラスライブラリ	他のプロジェクトで使用される機能を提供するライブラリを開発できる
テスト	xUnit、NUnit、MSTestなどを使用した、ソフトウェアプロジェクト用の自動化テストを作成できる

なお、ゲーム開発のプラットフォームである「Unity」では現在、.NETとの統合作業が進められています。

Chapter

3

開発環境のセットアップ

本章では、Azureプログラミングに必要なツール（.NET SDK、
VS Code など）のインストール方法を説明します。また、VS
Code と Azure CLIの初期設定を行います。なお、本書で紹介する
ツールはすべて無料で利用できます。

Section 11 必要なソフトウェアの インストール

ローカルの開発環境に、必要なソフトウェアをインストールして、開発の準備を整えましょう。なお、本書ではWindowsまたはmacOSを使用することを想定しています。

● インストールするソフトウェア

本書のサンプルを実行するために必要なソフトウェアは、以下の通りです。

インストールするソフトウェアの一覧

No	名称	概要	使用する章
①	.NET SDK	.NETの開発環境	4章以降
②	Azure CLI	コマンドによるAzure操作	本章以降
③	Git for Windows	Windows向けのGitとBash	本章以降
④	VS Code	テキストエディタ	本章以降
⑤	Azure Functions Core Tools	Azure Functionsの開発ツール	第8章
⑥	Visual C++ 再頒布可能パッケージ	Speech Serviceで必要	第7章

なお、③と⑥はWindowsの場合のみ必要です。

● ①.NET SDK

.NET SDK (Software Development Kit) は、.NETでの開発に必要となるツール類をまとめたものです。クロスプラットフォームに対応しており、Windows・Linux・macOSで動作します。

.NETで開発を行うためには、.NET SDKが必要です。本書では「.NET 7.0 SDK」を使用します。

次のページから、お使いのプラットフォーム (Windows、macOSなど) 向けの「.NET 7.0 SDK」をダウンロードしましょう。

・.NETのダウンロード

https://dotnet.microsoft.com/ja-jp/download/dotnet/7.0

このページには「SDK」と「ランタイム」がありますが、開発には「SDK」が必要です。

開発に使用するコンピュータが64ビット版のWindowsの場合は、「Windows」欄の「x64」のインストーラー、macOS（Appleシリコン）の場合は「macOS」欄の「Arm64」のインストーラーをダウンロードします。

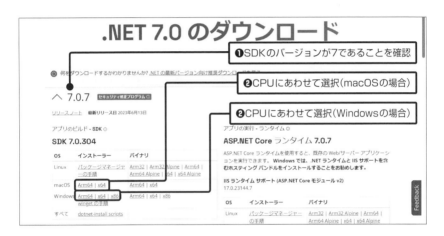

その後、ダウンロードしたインストーラーを実行します。［インストール（Install）］（macOSの場合は［続ける］-［インストール］）をクリックしてインストールを開始します。

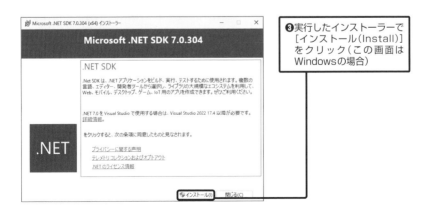

インストールには少し時間がかかりますが、途中で [Cancel] をクリックしないでください。最後に [Close] をクリックします。

②Azure CLI

Azure CLI（Command Line Interface）は、Azureをコマンドから操作するためのツールです。**Azure CLIを導入することで、azコマンドによるAzureの操作が可能となります。**

本書では、Azureのリソース操作について、主にAzure CLIを使用します。Azure CLIはクロスプラットフォームのツールであり、Windows・Linux・macOSで動作します。

● Windowsの場合

以下のページから、インストーラーをダウンロードしてください。

・Azure CLIのインストール

https://learn.microsoft.com/ja-jp/cli/azure/install-azure-cli

ダウンロードしたインストーラーを実行します。License Agreementを読んで [I accept the terms in the License Agreement] にチェックを入れ、画面の表示の指示に従ってインストールを完了させてください。

● macOSの場合

Homebrew (brewコマンド) を使用してインストールします。まず公式サイトの指示に従ってHomebrewをインストールします。

・**Homebrewの公式サイト**

https://brew.sh/index_ja

インストールが終わると、「Next steps:」に、2つのコマンド（行）を実行してPATHを設定するよう指示が表示されるので、それに従ってください。

続いてmacOSの「ターミナル」上で以下のbrewコマンドを実行することで、Azure CLIをインストールします。

```
brew update && brew install azure-cli
```

 ③Git for Windows（Windowsのみ）

Git for Windowsは、Windows環境にGitを導入するためのソフトウェアです。Gitは、従来よく使われていたSubversionなどに代わり、バージョン管理ツールの事実上の標準となっています。

本書に掲載するコマンドは「Bash」（macOSの場合はZsh）シェル上で動かすことを想定しています。Windows環境にはデフォルトではBashが入っていませんが、Git for Windowsをセットアップすることで、Bashもインストールされ、利用可能となります。

以下のサイトから、インストーラーをダウンロードして、実行してください。

・**Git for Windows**

https://gitforwindows.org/

❶[Download]からインストーラーをダウンロード

途中、いくつかのオプションが表示されますが、すべてデフォルト設定のまま
[Next] をクリックして進めてかまいません。

 ④VS Code

.NET（C#）のアプリ開発にはテキストエディタやIDEが必要です。本書では、
P.26でも紹介した、VS Codeを使用します。

VS Codeは、軽量でパワフルなテキストエディタ（コードエディタ）で、無料
で使用できます。C#の開発だけではなく、Azureの操作も、VS Codeから実行
できます。また、クロスプラットフォームに対応しており、Windows・Linux・
macOSで動作します。

以下のサイトから、お使いのプラットフォーム（Windows、macOSなど）向け
のインストーラーをダウンロードしてください。

・VS Code

https://code.visualstudio.com/

● Windowsの場合

「Windows x64」の「User Installer（ユーザーインストーラー）」をダウン
ロードします。インストーラーを起動したら、License Agreementを読んで [I
accept the agreement] にチェックを付けて、インストールを進めてください。
途中、いくつかのオプションが表示されますが、すべてデフォルト設定のまま進め
てかまいません。

● macOSの場合

「Apple silicon」（またはお使いのmacOSに合ったもの）のZIPファイルをダウンロードしたあと、ZIPファイルを展開し、中に含まれるVisual Studio Codeを「アプリケーション」フォルダーへ移動します。

⑤Azure Functions Core Tools

3 開発環境のセットアップ

Azure Functions Core Toolsは、Azure Functions（P.231参照）の開発に必要となるツールです。このツールには**funcコマンド**が含まれています。このコマンドを使用して、Azure Functionsのプロジェクトの作成、プロジェクトへの「関数」の追加、デバッグ、開発した関数アプリのAzure Functionsへのデプロイなどを行います。

● Windowsの場合

以下の公式ドキュメント内の「Azure Functions Core Toolsのインストール」を参照し、インストーラーをダウンロードしてください。

・Azure Functions Core Tools公式ドキュメント

https://learn.microsoft.com/ja-jp/azure/azure-functions/functions-run-local

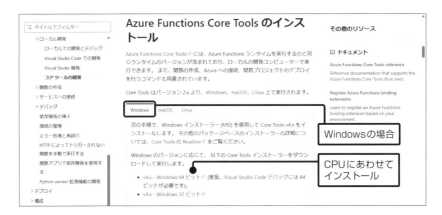

そして、ダウンロードしたインストーラーを実行します。途中「End-User License Agreement」を読んで [I accept the terms in the License Agreement] にチェックを入れます。そして画面に表示される指示に従ってインストールを完了させてください。

macOSの場合

macOSの「ターミナル」上で以下のbrewコマンドを実行することで、インストールします。

```
brew tap azure/functions
brew install azure-functions-core-tools@4
```

⑥Visual C++ 再頒布可能パッケージ（Windowsのみ）

第7章でSpeech Service（音声合成）を使用するために、「Visual C++ 再頒布可能パッケージ」をインストールする必要があります。これは、Microsoft CおよびC++ツールを使用してビルドされた多くのアプリケーションで必要なパッケージです。以下のページから、「Visual Studio 2015、2017、2019、および2022」をダウンロードし、インストールしてください。

• **Visual C++ 再頒布可能パッケージ**

https://learn.microsoft.com/ja-JP/cpp/windows/latest-supported-vc-redist

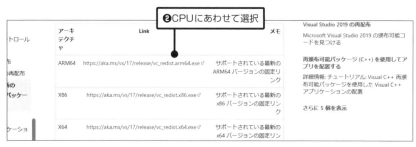

Speech ServiceのSDKと再頒布可能パッケージに関しての詳細は、以下のドキュメントを参照してください。

• **参考：Speech SDK for C#をインストールする**

https://learn.microsoft.com/ja-jp/azure/cognitive-services/speech-service/quickstarts/setup-platform

VS Codeの初期設定

ここでは、次章以降でコーディングに取り組むために必要となる、VS Codeの初期設定を行います。

VS Codeの表示言語を変更する（オプション設定）

まずはVS Codeを起動しましょう。

VS Codeでは、ユーザーインターフェース（メニューの表示など）の言語を変更（日本語化）することができます。ただし、**すべての表示が日本語化されるわけではないことに気をつけてください。** 特に、本書で利用するVS Codeの機能（C#のプログラミングなど）の多くは、日本語化に対応していません。

表示言語を変更したい場合は、`F1`キーまたは`⌘`＋`Shift`＋`P`キーを押してコマンドパレット（P.52参照）を表示します。その後「lang」と入力し、[Configure Display Language] を選択します。

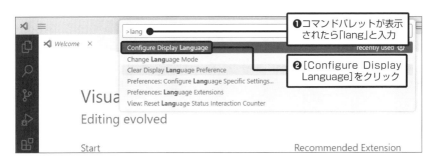

続いて [日本語 (ja)] を選択します。

VS Codeの再起動が求められた場合は [Restart] をクリックして再起動します。再起動が完了すると、画面内のメニュー表示などが日本語化されます。

 ## アクティビティバー

アクティビティバーは、VS Codeのウィンドウ左側の、縦に並んでいるアイコンの部分です。デフォルトでは、5つのアイコンがあります。クリックして切り替えてみましょう。

- Explorer（エクスプローラー）：ファイル一覧
- Search（検索）：ファイルの検索と置換
- Source Control（ソース管理）：Gitを使用したバージョン管理
- Run and Debug（実行とデバッグ）：プログラムの実行、デバッグ
- Extensions（拡張機能）：拡張機能の一覧、インストール

VS Codeのアクティビティバー（画面左側）

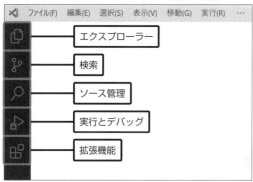

なお、VS Codeに「拡張機能」をインストールすると、アイコンが増える場合があります。

 ## コマンドパレット

VS Codeは非常にたくさんの機能を備えています。**コマンドパレット**を使用すると、必要な機能をすばやく探して実行できます。**コマンドパレットは非常によく使う機能なので、必ず覚えておきましょう。**コマンドパレットは、次のいずれかの操作で表示します。

- F1 キー
- Ctrl ＋ Shift ＋ P キー（Windowsの場合）
- ⌘ ＋ Shift ＋ P キー（macOSの場合）
- メニューの [Help] - [Show All Commands]（[ヘルプ] - [すべてのコマンドの表示]）

 ## コマンドパレットの利用例

　コマンドパレットが表示されたら、呼び出したい機能を名前で入力します。たとえば「theme」と入力すると、[Preferences: Color Theme（基本設定: 配色テーマ）] が検索結果に出てくるのでそれを選び、 Enter キーを押します。

❶コマンドパレットが表示されたら「theme」と入力

❷[Preferences: Color Theme（基本設定: 配色テーマ）] を選択して Enter キーを押す

　続いて、テーマの名前を選び Enter キーを押します。これで、カラーテーマ（配色）を変更できます。本書では「Light+」というテーマを使用しています。

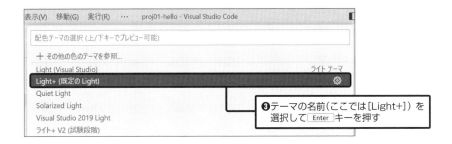

❸テーマの名前（ここでは [Light+]）を選択して Enter キーを押す

　なお、コマンドパレットの操作は Esc キーで中断できます。

3

開発環境のセットアップ

ワークスペースの信頼

　Windowsのエクスプローラーや、macOSのFinderを使用して、適当なフォルダーを作成します。続いて、VS Codeのメニューの [ファイル(F)] - [フォルダーを開く…] で、そのフォルダーを開きましょう。

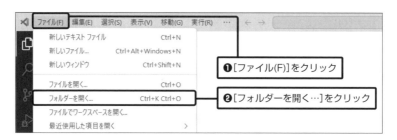

　VS Codeは、新しい場所のフォルダーを開く前に、「このフォルダー内のファイルの作成者を信頼しますか？」(Do you trust the authors of the files in this folder?) と表示します。自分で作成したフォルダーは安全と考えられるので [はい、作成者を信頼します（Yes）] をクリックしてください。

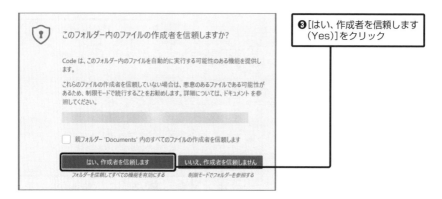

　出どころが不明のソースコードなど、悪意のあるコードが含まれている可能性がある場合は、[いいえ（No）] をクリックして、VS Codeがフォルダー内のコードを実行しないようにします。

　この操作は、新しいフォルダーを開くたびに実施しますが、オプションで、特定の親フォルダー以下を開く場合に、この確認を省略することもできます。その場合は上記の画面で [親フォルダー〜内のすべてのファイルの作成者を信頼します] にチェックを付けます。

・参考：Workspace Trust
https://code.visualstudio.com/docs/editor/workspace-trust

 拡張機能のインストール

VS Codeでは多数の**拡張機能**が利用できます。拡張機能をインストールすることで、VS Codeにさまざまな機能を追加できます。本書では、以下の拡張機能を利用します。

インストールする拡張機能

拡張機能名	概要	拡張機能ID
C# (Microsoft)	C#コードの文法ハイライト（キーワードなどの色付け）、インテリセンスによる補完、文法チェック、デバッグなどを行える	ms-dotnettools. csharp
Docker (Microsoft)	本書ではDockerfileの作成に使用。なお本書では、Docker Desktopのインストールは不要	ms-azuretools. vscode-docker
Azure CLI Tools (Microsoft)	Azure CLIの操作を行うために使用	ms-vscode. azurecli
Bicep (Microsoft)	Bicepファイルの編集を行うために使用	ms-azuretools. vscode-bicep

画面左のアクティビティバーの［拡張機能］をクリックして、上記の拡張機能をそれぞれ検索し、インストールしてください。 いずれも発行元が「Microsoft」となっているものを選んでください。

たとえば「C#」で検索すると多数の拡張機能が該当しますが、「拡張機能ID」を指定した場合は候補が1つに絞り込まれます。

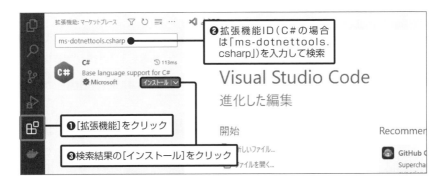

デフォルトのターミナルプロファイルの変更（Windowsのみ）

　Windowsの場合、「ターミナル」でPowerShellが起動しますが、本書の演習ではBashを使用するので、ここで、デフォルトでBashを使用するように設定していきます。

　P.52で解説した方法でコマンドパレットを表示し、[Terminal: Select Default Profile（ターミナル: 規定のプロファイルの選択)] をクリックしたら、表示された選択肢の中から [Git Bash] を選択します。

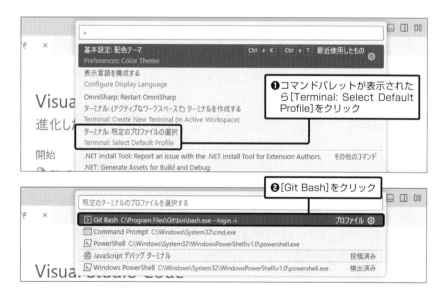

　もし [Git Bash] が表示されない場合は、Git for Windows（P.47参照）が正しくインストールされていないか、VS Codeが、インストールされたGit for Windowsを認識していない可能性があります。その場合は、Git for Windowsがインストールされていることを確認してください。また、一度メニューの [ファイル(F)]-[終了] でVS Codeを終了させてから、VS Codeを起動し、再度操作を行ってください。

 ## VS Codeで「ターミナル」を使用する

　VS Codeでは「ターミナル」を使用できます。 VS Codeの画面を離れることなくコマンドの実行ができるため、大変便利な機能です。

　コマンドパレットで「Terminal: Create New Terminal（ターミナル：新しいターミナルを作成する）」を呼び出します。または、メニューで［ターミナル］-［新しいターミナル］（[Terminal] - [New Terminal]）を選択します。すると画面下部で「ターミナル（TERMINAL）」が起動します。

❶コマンドパレットが表示されたら[Terminal: Create New Terminal]をクリック

3

開発環境のセットアップ

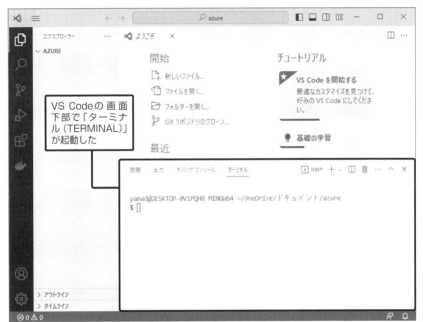

VS Codeの画面下部で「ターミナル（TERMINAL）」が起動した

ターミナルからのコマンドの起動

　インストール済みのAzure CLI（**azコマンド**）と.NET SDK（**dotnetコマンド**）がVS Codeのターミナル内でも使用できることを確認します。VS Codeのターミナル内で次のコマンドを入力して実行しましょう。

```
# Azure CLI の動作、バージョン確認
az --version
# .NET の動作、バージョン確認
dotnet --version
# Azure Functions Core Tools の動作、バージョン確認
func --version
```

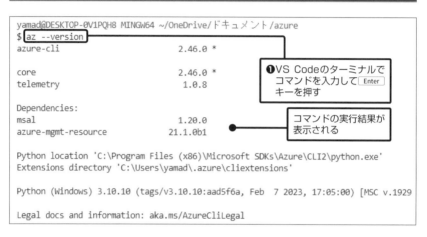

もし「コマンドが見つからない」といったエラー（bash: az: command not found など）が発生した場合は、ターミナルにこれらのコマンドへのパス（PATH 環境変数）が反映されていない可能性があります。その場合は、一度メニューの［ファイル(F)］-［終了］でVS Codeを終了させてから、VS Codeを起動し、再度操作を行ってください。

コマンドの設定（Windowsのみ）

ターミナルでBashが起動していることを確認します。デフォルトのターミナルプロファイルをBashに変更したため、「echo $SHELL」と入力すると、「/usr/bin/bash」と表示されるはずです。

```
echo $SHELL
```

実行結果

```
/usr/bin/bash
```

続いて、以下のコマンドを入力してください。

```
echo 'alias az="MSYS_NO_PATHCONV=1 az"' >> ~/.bashrc
echo 'alias dotnet="MSYS_NO_PATHCONV=1 dotnet"' >> ~/.bashrc
echo 'alias func="MSYS_NO_PATHCONV=1 func"' >> ~/.bashrc
```

これは、Bash内でazコマンド、dotnetコマンド、funcコマンドを実行する際に、「/」で始まるコマンドの引数が「C:/Program Files/Git/」に置換されることを防止するコマンドです。

一度メニューの [ファイル(F)] - [終了] でVS Codeを終了させます。すべてのVS Codeウィンドウが閉じられていることを確認してから、VS Codeを起動します。

VS Codeでターミナルを開いて、**aliasコマンド**を実行します。

```
alias
```

出力に、以下のようなエイリアス設定が含まれていればOKです。

実行結果

```
alias az='MSYS_NO_PATHCONV=1 az'
alias dotnet='MSYS_NO_PATHCONV=1 dotnet'
alias func='MSYS_NO_PATHCONV=1 func'
```

また、実際に「/」を使用して確認してみましょう。以下のコマンドを実行します。

```
az config set test.slash=/
az config get test.slash --query value -o tsv
```

実行結果

```
/
```

最後のコマンドでは「/」が出力されればOKです (「C:/Program Files/Git/」が出力された場合は、設定をやりなおしてください)。

Section

13 Azure CLIの初期設定

VS Codeのターミナル内で、Azure CLIの初期設定を行っていきます。もしAzure
アカウントを作成していない場合はP.17〜18の手順で作成しておいてください。

Azureへのサインイン

**実際にAzureのサブスクリプションをazコマンドから操作できるようにする
には、サインインが必要です。**VS Codeのターミナルを開き、**「az login」コマ
ンド**を実行します。

```
az login
```

すると、Webブラウザ（のタブ）が起動し、Azureのサインイン画面が表示され
ます。画面の表示に従って、サインインを行います。

❶作成済みのAzure
アカウントでサイ
ンインを行う

Azureのサインインが完了したら、次のようなメッセージが画面に表示されま
す。そのWebブラウザ（のタブ）は閉じてかまいません。

❷Webブラウザ（のタブ）を閉じる

なお「az login」を実行した際に「The following tenants require Multi-Factor
Authentication (MFA). Use 'az login --tenant TENANT_ID' to explicitly login
to a tenant.」エラーが出る場合は、「az login」コマンドに「--tenant」オプショ
ンとテナントIDを指定してください。テナントIDは、Azure portalのメニューで
「Azure Active Directory」を選び、概要画面の「テナントID」で確認できます。

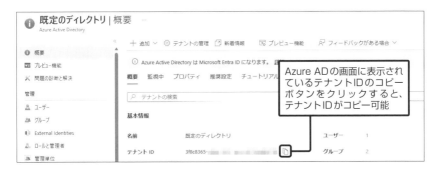

サインイン後は、「**az account show**」コマンドで、サインインしているユーザー名や、選択されている Azure サブスクリプションなどを確認できます。「az account show --query user.name」を実行して、サインインに使用したユーザーの ID が表示されることを確認してください。

```
az account show --query user.name
```

拡張機能の自動インストールを「Azure CLIの構成」に設定

Azure CLIの一部のコマンド（たとえば「az containerapp create」など）を実行する場合、Azure CLIの「拡張機能」をインストールする必要があります。拡張機能を自動インストールするように、以下のコマンドを実行します。

```
az config set extension.use_dynamic_install=yes_without_prompt
```

なお、Azure CLIの構成は「**az config get**」コマンドで確認できます。

```
az config get
```

Bicep CLIのアップグレード

Azure CLIでBicepファイルをデプロイする際、内部的にBicep CLIが使用されますが、そのバージョンが古い場合に警告が表示されるので、新しいバージョンにアップグレードしておきましょう。

```
az bicep upgrade
```

3

開発環境のセットアップ

Section 14 サンプルコードの入手と実行

本書の演習では、サンプルコードを使うので、ここでは、サンプルコードのダウンロードと構成について解説しましょう。

● サンプルコードのダウンロード

P.2に掲載しているページよりサンプルコード一式（ZIPファイル）をダウンロードしましょう。ダウンロードしたZIPファイルを適当な場所に展開して、アクセスしやすい場所へフォルダーを移動します。たとえば、「ドキュメント」（Documents）以下に「azdev」というフォルダー名で、サンプルコード一式を配置します。

サンプルコードの配置例

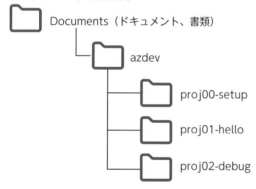

```
📁 Documents（ドキュメント、書類）
  └─ 📁 azdev
        ├─ 📁 proj00-setup
        ├─ 📁 proj01-hello
        └─ 📁 proj02-debug
```

● サンプルコードの開き方

サンプルコードの「proj」で始まるフォルダーは、それぞれ、C#のプロジェクトとなっています。

VS Codeで開く際は、**プロジェクトの中の個別のファイルを開くのではなく、プロジェクトのフォルダーを開くようにしてください。** たとえば、VS Codeのメニューの［ファイル(F)］-［フォルダーを開く…］で、「proj01-hello」フォルダーを開きます。

サンプルコードの構成

　各プロジェクトのフォルダー内には、サンプルコードと、それを動作させるためのスクリプト一式が含まれています。たとえば、「proj01-hello」フォルダーの中には、以下のようなファイルが含まれています。

- Program.cs：プログラム本体
- proj01-hello.csproj：C#プロジェクトファイル
- run.sh：ステップを連続的に実行するスクリプト
- step-01.sh：ステップ1
- step-02.sh：ステップ2

　実際の開発では、ソースコードを記述したり、コマンドを実行したりしながら、一連の作業を進めていきます。本書ではこれらの作業を「ステップ」と呼んでいます。

　サンプルコードの詳細な利用方法は、第4章で解説します。

3

開発環境のセットアップ

Section 15

サービスプリンシパルの作成

　開発環境で動作するアプリ用のIDとして、「**サービスプリンシパル**」を作成します。サービスプリンシパルそのものについては、第5章の「サービスプリンシパルによる認証」(P.146参照) で解説します。

　なお、サービスプリンシパルの作成と設定は若干手間がかかる作業です。自動で設定する方法と、手動で設定する方法を説明しますが、**どちらかを実施すればOKです。**

　サービスプリンシパルの作成と設定の方法を理解しておくことはAzure開発者としては重要なので、自動で設定した場合でも、手動の方法を読んで理解しておきましょう。

● サービスプリンシパルの作成と設定（自動での方法）

　VS Codeのメニューの [ファイル(F)] - [フォルダーを開く…] で、**「proj00-setup」フォルダー**を開いてください。

　続いて、フォルダーを開いたVS Codeウィンドウ内で、メニューの [ターミナル(T)] - [新しいターミナルを開く] で、ターミナルを開きます。ターミナル内で以下のコマンドを実行します。

```bash
bash create-sp.sh
```

　以上で、サービスプリンシパルの作成と設定が完了します。

続いて、環境変数に、自分のメールアドレスを設定しておきます (設定する環境変数は、第7章で使用します)。

● Windowsの場合

ターミナルで以下のコマンドを実行します。以下の「メールアドレス」には、自分のメールアドレスを入力してください。

```
setx AZDEV_MAIL_ADDRESS メールアドレス
```

● macOSの場合

ターミナルで以下のコマンドを実行します。以下の「メールアドレス」には、自分のメールアドレスを入力してください。

```
# zsh を使っている場合
echo "export AZDEV_MAIL_ADDRESS=' メールアドレス '" >> ~/.zshrc
# bash を使っている場合
echo "export AZDEV_MAIL_ADDRESS=' メールアドレス '" >> ~/.bashrc
```

設定を反映させるため、VS Codeのメニューの [ファイル (F)] - [終了] で、VS Codeを一度終了させましょう。

 ## サービスプリンシパルの作成と設定 (手動での方法)

サービスプリンシパルの作成には「az ad sp create-for-rbac」コマンドを使用します。3つのオプションを使用します。

- 「--name」: このサービスプリンシパルに名前を付けます。たとえば「azdevsp-111111」という名前にします。
- 「--create-cert」: 認証に使用する証明書を生成します。生成された証明書はユーザーのホームディレクトリに作成されます。
- 「--years」: 証明書の有効期限を指定します。このオプションを指定しない場合のデフォルトの有効期限は1年となります。

VS Codeのターミナルを開き、以下のコマンドを入力してください。

```
az ad sp create-for-rbac --name azdevsp-111111 --create-cert --years 3
```

コマンドにより出力される情報を記録しておきます。なお、**出力される情報や証明書は、ユーザー名やパスワードに相当する、Azureの認証情報の一種なので、取り扱いには気をつけてください。**たとえば、インターネットにアップロードしないようにしてください。

「az ad sp create-for-rbac」コマンドの実行結果例

```
{
  "appId": "11111111-1111-1111-1111-111111111111",
  "displayName": "azdevsp-111111",
  "fileWithCertAndPrivateKey": "...tmp12345678.pem",
  "password": null,
  "tenant": "22222222-2222-2222-2222-222222222222"
}
```

1111や2222といった値の部分は各環境により異なります。

さらに、このあとの工程で使用する、サービスプリンシパルのオブジェクトIDを取得します。以下のコマンドを実行してください。

```
echo 'サービスプリンシパルのオブジェクト ID:'
az ad sp list --filter "displayName eq 'azdevsp-111111'" --query '[].id'
--output tsv
```

出力されたオブジェクトID（たとえば、33333333-3333-3333-3333-333333333333）を記録しておいてください。なお、オブジェクトIDは各環境により異なります。

続いて、**前の手順で表示された値を、開発環境の環境変数として設定します。**設定する環境変数は次ページを参照してください。なお、環境変数の設定方法はOSにより異なります。

● Windowsの場合
ターミナルで以下のコマンドを実行します。

```
setx 環境変数名 値
```

● macOSの場合
VSCodeでシェルの設定ファイル（~/.zshrc）を開き、末尾に「export 環境変数名＝値」のような行を追加し、保存します。

なお、第7章では、メールを送信するアプリを作成します。このときに使用する送信先のメールアドレス（自分のメールアドレス）も、環境変数に追加しておきます。

環境変数の値

環境変数名	環境変数の値
AZURE_CLIENT_ID	appIdの値
AZURE_CLIENT_CERTIFICATE_PATH	fileWithCertAndPrivateKeyの値
AZURE_TENANT_ID	tenantの値
AZDEVSP_NAME	azdevsp-111111
AZDEVSP_OBJECT_ID	サービスプリンシパルのオブジェクトIDの値
AZDEV_MAIL_ADDRESS	自分のメールアドレス

なお、AZURE_で始まる環境変数は、Azure SDKが使用するものです。そしてAZDEVで始まる環境変数は、ロールの設定作業をしやすくするために本書で独自に使用しているものです。

設定を反映させるために、一度メニューの［ファイル(F)］-［終了］でVS Codeを終了させてから、VS Codeを起動してください。

環境変数の確認

自動または手動での、サービスプリンシパルの作成と設定が終わったら、VS Codeを開き、ターミナルで、以下のコマンドを実行して、環境変数の値が正しく設定されていることを確認してください。

```
# AZ で始まる変数を表示
set |grep AZ
```

なお、上記の出力結果に「AZURE_CLIENT_SECRET」という名前の環境変数が含まれていないことも確認してください。もし含まれている場合は、以下の場所でAZURE_CLIENT_SECRET環境変数をセットしているところを探して、削除します。

● Windowsの場合

Windowsのスタートメニューから、［コントロールパネル］-［システム］-［システムの詳細設定］-［環境変数］（またはスタートメニューから、「システム環境変数

の編集」で検索）で環境変数を表示して、AZURE_CLIENT_SECRET環境変数を探して、削除してください。

　なお、Windowsでzshやbashを使用している場合は、シェルの設定ファイルもチェックしてください。

● macOSの場合

　シェルの設定ファイル（.zshrc）を開き、AZURE_CLIENT_SECRET環境変数を探して、削除してください。

Column　本書の演習を複数の環境で実施したい場合は？

　もし、本書の内容を複数の環境で実施したい（たとえばWindowsとmacOSで実施したい）場合は、環境ごとに、サービスプリンシパルを作成します。この場合は、**各環境で、別のサービスプリンシパル名を使用するようにしてください。**

　たとえば、最初の環境で「azdevsp-111111」といった名前のサービスプリンシパルを作成し、本節の指示に従って環境変数の設定を行ったとします。

　この場合、2番目の環境では「azdevsp-222222」といった、最初の環境とは別の名前のサービスプリンシパルを作成し、本節の指示に従って環境変数の設定を行ってください。

　なお「サービスプリンシパルの作成と設定（自動）」を実行した場合は、環境ごとに「azdevsp-1a2b3c」のようなランダムな名前が生成されます。

Section 16 開発者グループの作成

　Azure ADの**セキュリティグループ（以降、グループ）**を作成すると、複数の
ユーザーをグループにまとめ、グループに対してロールを割り当てることで、グ
ループに含まれるユーザーに操作の許可を与えることができます。**このグループは
Azureの「リソースグループ」とは別のしくみです。**

　本書では、Azure ADに「developers」グループを作成し、開発者のユーザー
を含めます。そしてこのグループに対して、サブスクリプションのスコープで、開
発に必要な以下のロールを割り当てておきます。

- 「Storage Blob Data Contributor」（ストレージ BLOB データ共同作成者）
- 「Key Vault Secrets Officer」（キー コンテナー シークレット責任者）
- 「App Configuration Data Owner」（App Configuration データ所有者）

　これによって開発者はAzure CLIなどを使用して、サブスクリプション以下の
Blobの読み書き、Key Vaultシークレットの読み書き、App Configurationの構
成の読み書きを実行できます。また、必要に応じて、このグループに別の開発者を
追加していくことも可能となります。

　なお、このようにグループにロールを割り当てることは、**Azure RBAC（Azure
のロールのしくみ）**のベストプラクティスの１つです。

- **ユーザーではなくグループにロールを割り当てる**
https://learn.microsoft.com/ja-jp/azure/role-based-access-control/
best-practices#assign-roles-to-groups-not-users

　この作業についても、自動と手動のやり方を用意しています。**どちらかを実行し
てください。**

グループの作成とロールの割り当て（自動）

VS Codeのメニューの［ファイル(F)］-［フォルダーを開く…］で、**「proj00-setup」フォルダー**を開いてください。続いて、フォルダーを開いたVS Codeウィンドウ内で、メニューの［ターミナル(T)］-［新しいターミナルを開く］で、ターミナルを開きます。ターミナル内で以下のコマンドを実行します。

```
bash create-developers-group.sh
```

 グループの作成とロールの割り当て（手動）

以下の手順でグループの作成とロールの割り当てを行います。まずは、WebブラウザでAzure portal (https://portal.azure.com) を開き、サインインしてください。以降は、以下の操作を行ってください。

● グループの作成

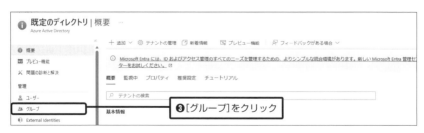

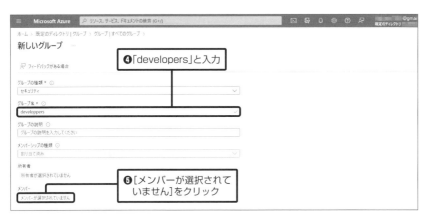

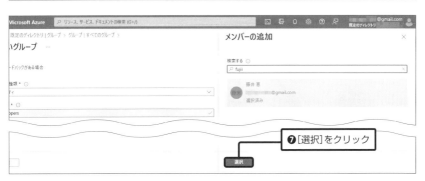

● ロールの割り当て

❶Azure portalのトップページに戻り、[サブスクリプション]をクリック

❷作成されているサブスクリプションをクリック

❸[アクセス制御(IAM)]をクリック

❹[追加]をクリック

❺[ロールの割り当ての追加]をクリック

❼[メンバー]をクリック

❻P.69で紹介したロールを検索してクリック(ここでは「ストレージBLOB データ共同作成者」)

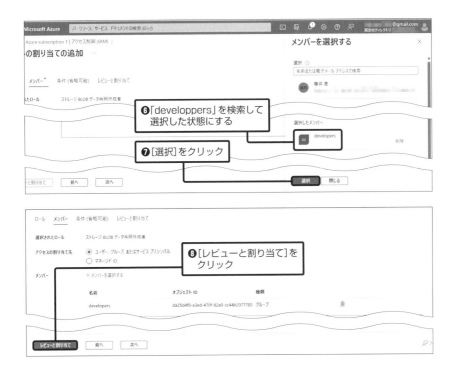

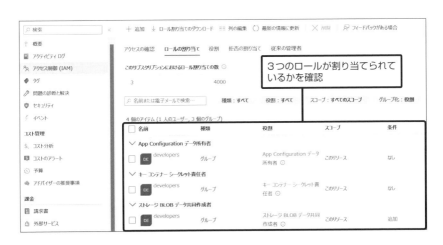

　手順3~8を、P.69で紹介した3つのロール分、繰り返したら、ロールの割り当てができているかを確認しましょう。Azure portalで「サブスクリプション」を表示し、「アクセス制御 (IAM)」、「ロールの割り当て」をクリックします。以下のように「developers」グループに前述の3つのロールが割り当てされていればOKです。

補助ツールのセットアップ

　本書の演習の自動実行を支援するスクリプトの内部で使用する「補助ツール」を
セットアップします。これは**本書用に開発した独自のツール**です。

　VS Codeで、サンプルコードの**「proj99-azdev-tool」フォルダー**を開いて
ください。また、ターミナルも開きましょう。

　ターミナル内で「bash install.sh」コマンドを実行してください。

```
bash install.sh
```

　「ツール 'proj99-azdev-tool' (バージョン '1.0.0') が正常にインストールされま
した。」と表示されればOKです。

　この補助ツールについては、詳細を理解する必要はありませんが、簡単に概要を
解説しておきましょう。

　補助ツールに含まれる以下のコマンドは、各Azureサービスのリソースにテス
トリクエストを送り、実際にサービスがアクセスできる状態であるかどうかを確認
します。リソースへのロールの割り当てが反映されるまでに時間がかかる場合があ
るため、これらを使用して確認します。

```
proj99-azdev-tool wait-blob --endpoint [ エンドポイント ]
proj99-azdev-tool wait-cosmos --endpoint [ エンドポイント ]
proj99-azdev-tool wait-key-vault --endpoint [ エンドポイント ]
proj99-azdev-tool wait-app-configuration --endpoint [ エンドポイント ]
```

　以下のコマンドはBlobのアップロード・ダウンロードに使用します。Azure
CLIの「az storage blob upload(download)」でも同様の操作が可能ですが、「az
login」でサインインしている開発者ユーザーではなく、プロジェクトが使用する
サービスプリンシパルを使用してアップロード・ダウンロードをするために、コマ
ンドを用意しています。

```
proj99-azdev-tool upload-blob --endpoint [ エンドポイント ] \
    --container [ コンテナー名 ] --path [ ローカルのファイルのパス ]
proj99-azdev-tool download-blob --endpoint [ エンドポイント ] \
    --container [ コンテナー名 ] --path [Blob のパス ]
```

Chapter 4

C#プログラミングの概要を知る

本章では、Azureのプログラミングに先立ち、C#プロジェクトの作成と実行、パッケージの利用、DI（依存性注入）、設定ファイルからの設定の読み込み、ログの出力など、Azureアプリの開発でよく使われる技術を解説します。本書を読み進めて、わからないことが出てきたら、本章に戻ってきて復習するのもよいでしょう。

C#プログラミング演習①
プロジェクトの作成と実行

本書ではAzureの操作を行うアプリをC#で作成します。そのため、ここでは C#プロジェクトの作成と実行の流れ、VS Codeの基本的な.NETサポート機能、プロジェクトの構成について確認します。また最後に、演習の各ステップを自動的に実行する方法についても紹介します。Azureを操作するアプリを作るには、C# のさまざまな知識が欠かせないので、しっかり学んでいきましょう。

演習の準備：サンプルコードを開く

VS Codeのメニューの［ファイル(F)］-［フォルダーを開く…］で、**「proj01-hello」フォルダー**を開いてください。フォルダーを開いたVS Codeのウィンドウ内で、メニューの［ターミナル(T)］-［新しいターミナルを開く］で、ターミナルを開きます。**以下の手順のコマンドは、すべて、このターミナル内で実行してください**。この演習が完了するまで、このターミナルは閉じないようにしてください。

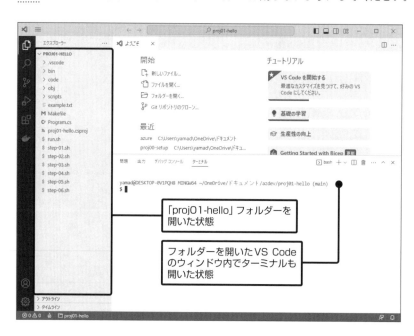

「proj01-hello」フォルダーを開いた状態

フォルダーを開いたVS Code のウィンドウ内でターミナルも開いた状態

Step 1：C#プロジェクトの作成

　コンソールアプリのプロジェクトを作成します。ターミナルで以下のコマンドを入力して、現在のフォルダーに、C#のコンソールアプリプロジェクトを作成します。

```
dotnet new console --force
```

　なお、「--force」オプションを付けて実行すると、現在のフォルダーにあるファイルを上書きします。そのため、サンプルコードのProgram.csなどが上書きされます。本書で配布しているサンプルコードのフォルダーにはすでにこれらのファイルが含まれているため、「--force」オプションが必要です。ちなみに、空のフォルダーの状態から作業する場合は、「--force」オプションは必要ありません。

 Step 2：OmniSharpサーバーの起動の確認

　VS Codeのウィンドウの左下に、炎のアイコンが表示されているはずです。

　これは、C#拡張機能に含まれる**OmniSharp**のサーバーが動作していることを表しています。OmniSharpによって、メソッドの説明文の表示や、C#の文法チェックが行われます。

　アイコンが表示されない場合は、VS Code画面左下の歯車アイコンをクリックして「設定」を開き、「設定の検索」で「use omnisharp」と入力、「Dotnet > Server: Use OmniSharp」にチェックを付け、VS Codeを再起動してください。アイコンは、サーバー起動中は黄色、実行中は白色になります。

　なお、まれに、C#のコードに問題がなくても、C#のコンパイルエラーが表示され続ける場合があります。その場合は、コマンドパレットから、「OmniSharp: Restart OmniSharp」を実行すると、現象が改善される場合があります。

 Step 3：ビルドとデバッグに必要なアセットの追加

　サンプルコードのフォルダーには、「.vscode」フォルダーが含まれていますが、これを一度削除して、コマンドパレットから「OmniSharp: Restart OmniSharp」

を実行してください。すると、画面右下に「Required assets to build and debug are missing ... Add them?」という通知が表示されます。ここでは [Yes] をクリックしてください。

❶[Yes]をクリック

すると、プロジェクトに「.vscode」フォルダーが追加されます。この操作は「ビルドとデバッグに必要なアセットの追加」と呼ばれます。これにより、**VS Code で、デバッグやタスクの実行ができるようになります。**

　この通知はしばらくすると消えてしまいます。[Yes] をクリックする前に通知が消えてしまった場合は、画面右下のベルのアイコンをクリックすると、消えた通知を再度表示できます。また、コマンドパレットから「.NET：Generate Assets for Build and Debug」を実行することでも、アセットを追加できます。

Step 4：Program.csのコーディング

　拡張子「.cs」のファイルはC#のソースファイルです。ここに、C#のコードを記述します。VS Code左側に表示されているエクスプローラー(Explorer) のファイル一覧で、Program.csファイルをクリックして開きます。**Program.csはアプリの起動と初期化を担当する部分です。**ここでは、以下のコードを記述します。これは、AZで始まる環境変数の名前と値を出力するコードです。

Program.cs

```
Environment.GetEnvironmentVariables()────────①
.Cast<System.Collections.DictionaryEntry>()──②
.Select(kv => $"{kv.Key}={kv.Value}")────────③
.Where(s => s.StartsWith("AZ"))──────────────④
.Order()─────────────────────────────────────⑤
.ToList().ForEach(Console.WriteLine);────────⑥
```

①すべての環境変数を取得します。
②コレクションの要素の型をDictionaryEntryにキャスト (型変換) します。
③各要素を"環境変数名＝環境変数の値"という文字列に変換します。

④環境変数名が「AZ」で始まる文字列だけを残します。

⑤辞書順でソートします。

⑥それぞれを画面に出力します。

　なお、サンプルコードの「code」フォルダーには、本書に掲載しているものと同じコードがテキスト形式で格納されています。こちらからコードをコピーし、Program.csへペーストすることもできます。

　コーディングが終わったら、Program.csを保存しましょう。

 ## Step 5：実行

　VS Codeのターミナルで、「**dotnet run**」**コマンド**を入力して、プロジェクトを実行してください。

```
dotnet run
```

　プロジェクトのビルドが行われ、実行が開始されます。以下は実行結果例です。「＝」の右辺には、実際に環境変数として設定された値が表示されます。

実行結果

```
AZDEV_MAIL_ADDRESS=[ メールアドレス ]
AZDEVSP_NAME=[ サービスプリンシパルの名前 ]
AZDEVSP_OBJECT_ID=[ サービスプリンシパルのオブジェクト ID]
AZURE_CLIENT_CERTIFICATE_PATH=[ 証明書ファイルへのパス ]
AZURE_CLIENT_ID=[ サービスプリンシパルの appId の値 ]
AZURE_TENANT_ID=[ サービスプリンシパルの tenant の値 ]
```

　Windowsの場合は「環境変数」（システムのプロパティ画面 - [環境変数] - [ユーザー名]のユーザー環境変数）、macOSの場合は「.zshrc」を参照し、第3章で設定した環境変数の値が、このプログラムで正しく表示されることを確認してください。

　もし、これらの値が正しく表示されない場合は、本書の以降のサンプルプログラムが正しく動作しないので、以下の対応を行ってください。

・第3章「サービスプリンシパルの作成」（P.64参照）で実施した環境変数の設定をやりなおしてください。

・VS Codeを完全に終了させてから、再起動してください。

・OSを再起動してください。

Step 6：プロジェクトの構造の確認

ここまで基本的なプロジェクトの実行方法について解説しました。最後に、プロジェクトの基本的な構造について確認しておきましょう。プロジェクトには、以下のようなファイルやフォルダーが含まれています。

C#プロジェクトのフォルダー構成

```
📁 プロジェクトのフォルダ
    ├── 📁 .vscode        VS Codeのワークスペース設定フォルダ
    ├── 📁 bin            .NETの出力フォルダ
    ├── 📁 obj            .NETの一時ファイルのフォルダ
    ├── 📄 Program.cs     C#ソースファイル
    └── 📄 ～.csproj       C#プロジェクトファイル
```

これらのファイル・フォルダーは次の目的で使用されます。

プロジェクト内のファイルとフォルダーの概要

ファイルとフォルダ	概要
.vscode	launch.json、task.jsonといった、VS Codeの「タスク」や「デバッグ」の設定ファイル（アセット）が含まれる
bin	ビルドされたバイナリが配置される場所。「bin/(configuration)/(framework)/」（たとえばbin/Debug/net7.0）以下にバイナリが出力される。.NETにより自動的に生成・使用される。通常、直接操作する必要はない
obj	一時ファイルの出力先。.NETにより自動的に生成・使用される。通常、直接操作する必要はない
Program.cs	C#のソースファイル。ここにC#のコードを記述していく
～.csproj	C#用のMSBuildプロジェクトファイル。XMLドキュメントであり、プロジェクトの形式などの設定を含む。たとえば、プロジェクトにNuGetパッケージを追加した場合は、このファイルにその情報が記録される

以上が基本のプロジェクト構造です。このほかに、アプリの設定ファイル（appsettings.jsonやappsettings.Development.json）、起動プロファイル

の設定 (Properties/launchSettings.json)、Dockerのイメージを定義する「Dockerfile」などが使用される場合があります。必要に応じて、ファイルやフォルダーを自由に追加できます。

 ## 各ステップを自動的に実行するしくみ

ここまでで、すべてのステップが実行できました。これ以降の演習では、入力するコードやコマンドが複雑になり、入力ミスが発生することが想定されます。そこで本書では、**各演習で、すべてのステップを連続的に自動で実行するしくみを用意しています。**

本書で配布しているサンプルコードには、C#プロジェクトで使用される標準的なファイルとフォルダーに加えて、次のファイルとフォルダーが含まれています。

本書が提供する独自のファイルとフォルダーの概要

ファイルとフォルダ	概要
code	本書掲載のサンプルコードが格納されているフォルダ
step-01.sh (等)	各ステップを実行するスクリプトファイル
run.sh	全ステップを連続的に実行するスクリプトファイル

それではここで、スクリプトを実際に動かして確認してみましょう。VS Codeのターミナルで以下のコマンドを入力してください。

```bash
bash run.sh
```

すると「すべてのステップを順に実行します。Enterキーを押してください」というメッセージが表示されます。 Enter キーを押すと、本節で行ったStep1〜Step6の操作を、順に自動で実行できます。

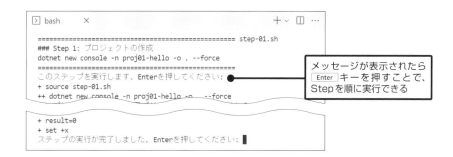

メッセージが表示されたら Enter キーを押すことで、Stepを順に実行できる

4

C#プログラミングの概要を知る

書籍では各ステップの概要を確認し、実際の演習では、この連続実行のしくみを
使用してください。演習をスムーズに進められます。

 ## まとめ

　ここではC#プロジェクトの作成と実行の流れ、VS Codeの基本的な.NETサ
ポート機能、プロジェクトの構成について確認しました。また、第3章で設定した
環境変数が、C#のコードから正しく参照できることも確認しました。

　最後に、プロジェクトの各ステップを自動的に連続実行する方法を確認しまし
た。以降のすべての演習で、この連続実行のしくみを使用してください。

Column 　**最上位レベルのステートメント**

　C#プログラミングの経験がある人は、最新の.NETで作成されるProgram.cs
のコードがとてもシンプルであることに少し驚くかもしれません。usingディレク
ティブ、名前空間、クラス、Mainメソッドなどが書かれておらず、文字列を出力す
るコードだけが書かれています。

　C# 9からは、「最上位レベルのステートメント」(Top-level statements)
により、Mainメソッドの中のコードをトップレベルで(クラスやメソッドを省
略して)記述できるようになりました。またC# 10からは「global usings」と
「implicit usings」により、System、System.IO、System.Linq、System.
Collections.Genericなどのよく使われる名前空間について、usingディレクティ
ブの記述を省略できるようになりました。これらの仕組みにより、従来に比べて、
特にMainメソッド周辺をシンプルに記述できるようになっています。

- **参考：.NETテンプレートによるコードの生成**
  https://learn.microsoft.com/ja-jp/dotnet/core/tutorials/top-level-
  templates

　なお、Azureの公式ドキュメントのサンプルコードなどは、最上位レベルのステー
トメントなどを使わず、従来の形式で書かれている場合があります。それらは多く
の場合、新しいC#の環境でもそのままビルド・実行できるので、無理に書き直す
必要はありません。

C#プログラミング演習②
NuGetパッケージの追加

この演習では、プロジェクトにパッケージを追加する「NuGet（ニューゲット）」の使い方を説明します。

● パッケージとは

.NETプロジェクトには、**NuGetパッケージマネージャ**を使用して、パッケージを追加できます。**プロジェクトにパッケージを追加することで、パッケージに含まれるさまざまな機能を使用できます。**

・NuGetの公式サイト

https://www.nuget.org/

本節では例として、.NETで画像処理を行うためのパッケージ「**ImageSharp**」を使ってみましょう。このパッケージに含まれる機能を利用して、画像のサムネイル（縮小画像）を生成するなどの処理を実装できます。ここではこのパッケージを使って、画像から100x100ピクセルのサムネイルを生成するプログラムを作成しましょう。

・ImageSharpの公式サイト

https://sixlabors.com/products/imagesharp/

● 演習の準備1：サンプルコードを開く

VS Codeのメニューの［ファイル(F)］-［フォルダーを開く…］で、サンプルコードの「**proj02-package**」**フォルダー**を開いてください。フォルダーを開いたVS Codeのウィンドウ内で、メニューの［ターミナル(T)］-［新しいターミナルを開く］で、ターミナルを開きます。**各ステップのコマンドはすべて、このターミナル内で実行してください。**この演習が完了するまで、このターミナルは閉じないようにしてください。

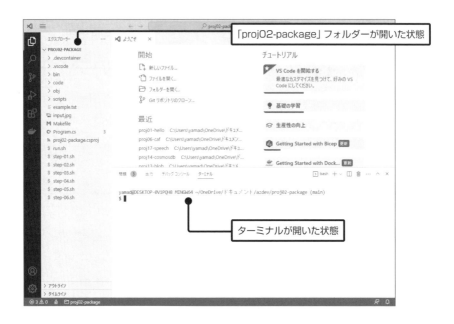

「proj02-package」フォルダーが開いた状態

ターミナルが開いた状態

演習の準備2：スクリプトを実行する

P.81で解説した通り、本書では、以降の演習ではスクリプトを使います。ターミナルで「bash run.sh」コマンドを入力します。

❶「bash run.sh」を入力して Enter キーを押す

❷「すべてのステップを順番に実行します〜」メッセージが表示される

「すべてのステップを順に実行します。Enter を押してください」というメッセージが表示されたら Enter キーを押します。そうすると、Step1〜Step6の操作を順に自動で実行できます。

以降では、Step ごとの処理概要を解説しています。処理概要を読んだら、各 Step をスクリプトで実行して、演習を行っていきましょう。

Step 1：プロジェクトの作成

コンソールアプリのプロジェクトを作成します。

```
dotnet new console --force
```

なお、**本書サンプルコードのフォルダー内には、すでにプロジェクトのファイル
が配置されています**。ここではそれを上書きするため「--force」オプションを付け
ています。新しい空のフォルダーにプロジェクトを作成する場合は「--force」は不
要です。

では、スクリプトでStep1を実行しましょう。

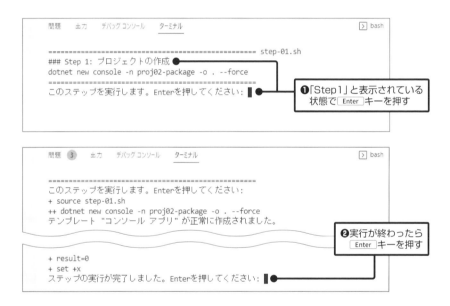

```
問題    出力    デバッグ コンソール    ターミナル                    ⟩ bash

=============================================== step-01.sh
### Step 1: プロジェクトの作成 ●
dotnet new console -n proj02-package -o . --force
===============================================
このステップを実行します。Enterを押してください: ▮
```

❶「Step1」と表示されている
　状態で Enter キーを押す

```
問題  3   出力    デバッグ コンソール    ターミナル                    ⟩ bash

===============================================
このステップを実行します。Enterを押してください:
+ source step-01.sh
++ dotnet new console -n proj02-package -o . --force
テンプレート "コンソール アプリ" が正常に作成されました。
```

❷実行が終わったら
　 Enter キーを押す

```
+ result=0
+ set +x
ステップの実行が完了しました。Enterを押してください: ▮
```

 ## Step 2：パッケージの追加

プロジェクトに、ImageSharpのパッケージを導入します。

```
dotnet add package SixLabors.ImageSharp --version 2.1.3
```

　パッケージがプロジェクトに追加されます。プロジェクトに追加されたパッケー
ジは、プロジェクト内の「～.csproj」ファイルの中の「PackageReference」で
確認できます。

```
<ItemGroup>
  <PackageReference Include="SixLabors.ImageSharp" Version="2.1.3" />
</ItemGroup>
```

では、スクリプトでStep2を実行しましょう。

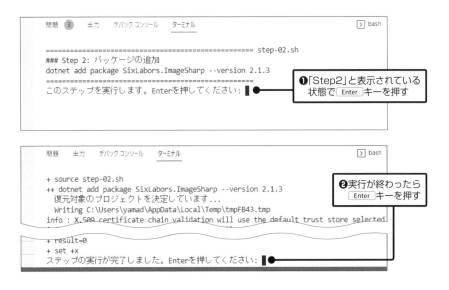

❶「Step2」と表示されている状態で Enter キーを押す

❷実行が終わったら Enter キーを押す

Step 3：Program.csのコーディング

Program.csを、ImageSharpの機能を利用するコードにします。

Program.cs

```
using SixLabors.ImageSharp;
using SixLabors.ImageSharp.Processing;

const int THUMB_SIZE = 100;
using var image = Image.Load("input.jpg");
image.Mutate(context => context.Resize(THUMB_SIZE, THUMB_SIZE));
image.SaveAsPng("output.png");
```

このコードでは、プロジェクトのフォルダーに配置された画像ファイル「input.jpg」を読み取り、100x100ピクセルのサムネイル画像を生成して、「output.png」というファイルに出力します。

では、スクリプトでStep3を実行しましょう。

```
問題　出力　デバッグ コンソール　ターミナル　　　　　　　　　bash

==================================================== step-03.sh
### Step 3: Program.csのコーディング
cp code/Program.cs.txt Program.cs
====================================================
このステップを実行します。Enterを押してください:
```

❶「Step3」と表示されている状態で Enter キーを押す

```
問題　出力　デバッグ コンソール　ターミナル　　　　　　　　　bash

==================================================== step-03.sh
### Step 3: Program.csのコーディング
cp code/Program.cs.txt Program.cs
====================================================
このステップを実行します。Enterを押してください:
+ source step-03.sh
++ cp code/Program.cs.txt Program.cs
+ result=0
+ set +x
ステップの実行が完了しました。Enterを押してください:
```

❷実行が終わったら Enter キーを押す

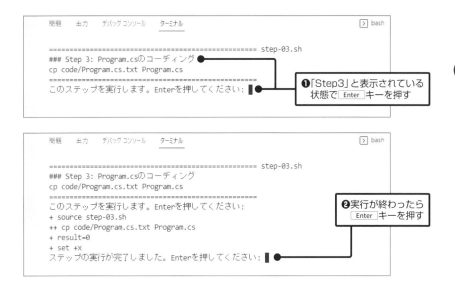

Step 4：JPEG画像ファイルの準備

インターネットから適当なJPEG形式の画像をダウンロードし、現在のプロジェクトのフォルダーに、input.jpgという名前で保存します（スクリプト実行時はサンプルの画像ファイルが自動で配置されます）。

では、スクリプトでStep4を実行しましょう。

```
問題　出力　デバッグ コンソール　ターミナル　　　　　　　　　bash

==================================================== step-04.sh
### Step 4: JPGファイルの準備
curl -s -o input.jpg https://httpbin.org/image/jpeg
====================================================
このステップを実行します。Enterを押してください:
```

❶「Step4」と表示されている状態で Enter キーを押す

```
======================================== step-04.sh
### Step 4: JPGファイルの準備
curl -s -o input.jpg https://httpbin.org/image/jpeg
========================================
このステップを実行します。Enterを押してください:
+ source step-04.sh
++ curl -s -o input.jpg https://httpbin.org/image/jpeg
+ result=0
+ set +x
ステップの実行が完了しました。Enterを押してください: ▌
```

❷実行が終わったら Enter キーを押す

Step 5：実行

「dotnet run」コマンドで実行します。

`dotnet run`

では、スクリプトでStep5を実行しましょう。

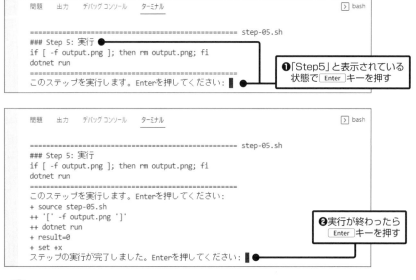

```
======================================== step-05.sh
### Step 5: 実行
if [ -f output.png ]; then rm output.png; fi
dotnet run
========================================
このステップを実行します。Enterを押してください: ▌
```

❶「Step5」と表示されている状態で Enter キーを押す

```
======================================== step-05.sh
### Step 5: 実行
if [ -f output.png ]; then rm output.png; fi
dotnet run
========================================
このステップを実行します。Enterを押してください:
+ source step-05.sh
++ '[' -f output.png ']'
++ dotnet run
+ result=0
+ set +x
ステップの実行が完了しました。Enterを押してください: ▌
```

❷実行が終わったら Enter キーを押す

Step 6：実行結果の確認

　実行が完了すると、プロジェクトのフォルダーにサムネイル画像のファイル「output.png」が出力されます。VS Codeのファイルエクスプローラーで、生成された画像ファイルをクリックし、画像を確認しましょう。

元の画像「input.jpg」

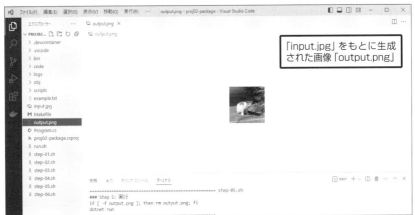

「input.jpg」をもとに生成された画像「output.png」

まとめ

　この演習では、本書の演習用スクリプトの実行方法を確認しました。また、プロジェクトにNuGetパッケージを追加して利用する方法を学びました。以降の演習では、さまざまなNuGetパッケージを活用していきます。

Section 20 C#プログラミング演習③ 依存性の注入(DI)

　ここからは、.NETで実用的なアプリを開発するために重要な機能である「依存性の注入（Dependency Injection、DI)」「ロギング」「構成」「ユーザーシークレット」について説明します。

　本節では、メールの送信を行うアプリを想定して、DIのしくみを示すサンプルコードを紹介します。

　なお、本節のサンプルコードはDIの使い方を示すだけで、メール送信の機能は実装しませんが、第7章ではAzureの機能を利用してメール送信の機能を実装します。

「依存性の注入」(Dependency Injection)とは

　依存性の注入 (Dependency Injection。以降、DI) は、オブジェクトの生成と管理、そのオブジェクトを必要とする別のオブジェクトへの「注入」(セット) を**DIコンテナー**が担当するしくみです。簡単に概要を説明しましょう。

　たとえば、以下のようなインターフェースとその実装クラスがあるとします。

```
interface IMailSender { ... }
```

```
class MailSender : IMailSender { ... }
```

　そして、以下のように、あるクラスでそのインターフェースを使うことを考えます。

```
class Commands
{
    IMaliSender _mailSender;
    ...
}
```

　この場合、実装クラスであるMailSenderのオブジェクトを作って、Commandsクラスのオブジェクトに「注入」(セット) する、という処理を行う必要があります。それを担当してくれるのがDIコンテナーです。

注入のイメージ

アプリ

DIコンテナーがオブジェクトの管理（生成や破棄）、必要な場所への注入を行ってくれるおかげで、**開発者は各機能の実装に専念できます。**

.NETにおけるDIの必要性

.NET（C#）のアプリ開発では、多くの場面でDIが活用されます。たとえば、Azureにアクセスするための「クライアントライブラリ」、ログ出力を行うILogger、構成を行うIConfigurationなど、さまざまなオブジェクトの生成と注入にDIが活用されます。.NETで開発するプログラマが習得しておくべき技術の1つです。

DIを利用する

.NET（C#）でDIを実現するためのフレームワークは数多くあります。本書では.NET 標準の**Microsoft.Extensions.DependencyInjectionパッケージを使用する方法**を説明します。

演習の準備：サンプルコードを開く

ここから演習を行います。VS Codeで、サンプルコードの**「proj03-di」フォルダー**を開きましょう。フォルダーの開き方と演習用スクリプトの実行方法は、P.83を参照してください。

以降では、各Stepの処理概要を解説しています。処理概要を読んだら、各Stepをスクリプトで実行して、演習を行っていきましょう。

Step 1：プロジェクトの作成

コンソールアプリのプロジェクトを作成し、ファイルを準備します。

```
dotnet new console --force
touch {Commands,IMailSender,MailSender}.cs
```

 Step 2：パッケージの追加

DIコンテナーを利用するために必要なパッケージである、「Microsoft.
Extensions.DependencyInjection」を追加します。

```
dotnet add package \
  Microsoft.Extensions.DependencyInjection --version 7.0.0
```

 Step 3：IMailSender.csのコーディング

まずは「メール送信」のIMailSenderインターフェースを宣言します。C#の規約に従い、インターフェースの名前はIで始めます。

IMailSender.cs

```
namespace MailService;

public interface IMailSender
{
    void SendMail(string to, string subject, string body);
}
```

 Step 4：MailSender.csのコーディング

次に、メールの送信処理を実装するMailSenderクラスを定義します。このクラスは、IMailSenderインターフェースを実装します。冒頭で紹介したように、**このサンプルコードでは、実際にはメールは送らず、メッセージを画面に表示するだけです。** Azureの機能を使用して実際にメールを送信する方法は第7章で説明します。

MailSender.cs

```
namespace MailService;

public class MailSender : IMailSender
{
    public void SendMail(string to, string subject, string body)
    {
        Console.WriteLine($" 送信先 : {to}");
        Console.WriteLine($" 件名 : {subject}");
        Console.WriteLine($" 本文 : {body}");
        Console.WriteLine(" メールを送信しました ");
    }
}
```

Step 5：Commands.csのコーディング

上記のインターフェースを使用して、メール送信処理を呼び出すコードを記述します。

Commands.cs

```
using MailService;

class Commands
{
    private readonly IMailSender _mailSender;
    public Commands(IMailSender mailSender) =>
        _mailSender = mailSender;
    public void SendTestMail() =>
        _mailSender.SendMail(
            "test@example.com",
            "test",
            "this is a test mail.");
}
```

このクラスのオブジェクトもDIコンテナーによって作成され、その際にコンストラクターはIMailSenderを実装するオブジェクトを受け取ります。

Step 6：Program.csのコーディング

Program.csを以下のように記述します。

Program.cs

```
using Microsoft.Extensions.DependencyInjection;
using MailService;

var serviceCollection = new ServiceCollection();━━━━━━━━━━①
serviceCollection.AddSingleton<IMailSender, MailSender>();━━━②
serviceCollection.AddSingleton<Commands>();━━━━━━━━━━━━━③
using var serviceProvider =
  serviceCollection.BuildServiceProvider();━━━━━━━━━━━━━④
var commands = serviceProvider.GetRequiredService<Commands>();━⑤
commands.SendTestMail();━━━━━━━━━━━━━━━━━━━━━━━━⑥
```

①.NETのDIコンテナーは、ServiceCollectionとServiceProviderで構成されます（これらはMicrosoft.Extensions.DependencyInjectionパッケージに含まれています）。まずServiceCollectionのオブジェクトを作成しています。

②IMailSenderに関連付けてMailSenderを登録しています。

③AddSingletonメソッドで、Commandsを登録しています。

④BuildServiceProviderメソッドによりServiceProviderを作成しています。

⑤GetRequiredServiceメソッドで、登録したCommandsクラスのオブジェクトをDIコンテナーから取り出しています。Commandsのコンストラクターでは、IMailSenderを実装したオブジェクトを受け取るようにコーディングされています。DIコンテナーのしくみにより、Commandsオブジェクトを作る際に、自動的に、必要なMailSenderオブジェクトも作成され、Commandsのオブジェクトへ「注入」されます（コンストラクター・インジェクション）。

⑥メールを送信するメソッドを呼び出します。

Step 7：実行

「dotnet run」コマンドで実行します。

実行結果

```
送信先 : test@example.com
件名 : test
本文 : this is a test mail.
メールを送信しました
```

 まとめ

　ここでは、シンプルなコードで、DIの基本を確認しました。メール送信機能を利用する側のコードでは、自分でメール送信用オブジェクトを作る必要がなく、コンストラクターで、必要なオブジェクトを受け取るようにすればよい、というところがポイントです。

　Azureの公式ドキュメントに掲載されているサンプルコードなどでも、DIは幅広く利用されています。DIはとても奥が深い技術ですが、ひとまずは、本節で説明した程度の基礎知識を持っておけば、DIを使ったサンプルコードを理解していくことができるでしょう。

　DIに関する公式のドキュメントもぜひチェックしてください。

・.NETでの依存関係の挿入

https://learn.microsoft.com/ja-jp/dotnet/core/extensions/dependency-injection

　DIについての解説と演習は以上となります。次節ではロギング（ログ出力）について説明します。

C#プログラミング演習④ ロギング

Section 21

アプリからログが出力されるようにしておくと、エラーの原因を調査しやすくなります。実用的なアプリ開発には欠かせない機能です。本節では、ログを出力するためのしくみを確認し、コンソールにログを出力するサンプルコードを作成します。

● ロギングとは

ロギングとは、アプリやシステムから「ログ」を出力することです。たとえばWebサーバーは、HTTPリクエストを受信するたびに、「日時」「アクセス元IPアドレス」「アクセスされたパス」「レスポンスコード」「レスポンスのバイト数」などを「アクセスログ」として出力します。このようなログは、画面やファイルに出力したり、ネットワークを通じて別のサーバーに送信したりします。

● ロギングの必要性

ロギングは、**アプリやシステムの稼働状況を記録・監視するために必要**です。また、例外やエラーが発生した場合、それらの情報もログに記録し、開発者がその情報を使用してエラーの原因究明を行います。

では、ログを画面（コンソール）に出力するプログラムを作成していきましょう。

● 演習の準備：サンプルコードを開く

ここから演習を行います。VS Codeで、サンプルコードの**「proj04-logging」フォルダー**を開きましょう。フォルダーの開き方と演習用スクリプトの実行方法は、P.83を参照してください。

● Step 1：プロジェクトの作成

コンソールアプリのプロジェクトを作成し、ファイルを準備します。

```
dotnet new console --force
```

Step 2：パッケージの追加

コンソールへのログ出力に必要なパッケージである、「Microsoft.Extensions.
Logging.Console」を追加します。

```
dotnet add package \
  Microsoft.Extensions.Logging.Console --version 7.0.0
```

 ## Step 3：Program.csのコーディング

Program.csの内容を以下のように書き換えます。

Program.cs

```
using Microsoft.Extensions.Logging;
using var loggerFactory = LoggerFactory.Create(builder =>——①
{
    builder.AddSimpleConsole(options =>——————————②
    {
        options.SingleLine = true;
    });
    builder.AddFilter(nameof(Program), LogLevel.Trace);——③
});
var logger = loggerFactory.CreateLogger<Program>();——————④
logger.LogTrace("trace");——————————————————⑤
logger.LogDebug("debug");
logger.LogInformation("information");
logger.LogWarning("warning");
logger.LogError("error");
logger.LogCritical("critical");

Console.Out.Flush();——————————————————————⑥
```

①LoggerFactoryのCreateメソッドでLoggerFactoryを作成します。
Createメソッドにはアクション「builder => {...}」を渡し、この中でログ出
力の設定を行います。ここで、builderはILoggingBuilder型であり、ログ
プロバイダーを構成するためのものです。

97

② AddSimpleConsoleで、コンソールにログを出力する「ログプロバイダー」を登録しています。ここでもアクション「options => {...}」を渡し、その中でSingleLineをtrueに設定しています。これで各ログが1行で出力されます（デフォルトの設定では各ログが2行で出力されます）。

③ AddFilterで、Programという「カテゴリ」に対し、最も詳細なログを出力するTraceログレベルを指定しています。なおデフォルトカテゴリ（すべてのカテゴリ）を指定するにはnullを指定します。

④ CreateLoggerで、ILoggerオブジェクトを作成します。このとき、Program（このコード自身のクラス）をカテゴリとして指定しています。

⑤ ILoggerオブジェクトの、LogTraceなどのメソッドを使用して、さまざまなログレベルのログを出力しています。

⑥ プログラムが終了する前に、メモリにバッファリングされているログをフラッシュ（掃き出し）します。

● Step 4：実行

「dotnet run」コマンドで実行します。すると、以下のようなログが出力されます。

```
================================================ step-04.sh
### Step 4: 実行
dotnet run

================================================
このステップを実行します。Enterを押してください:
+ source step-04.sh
++ dotnet run
trce: Program[0] trace
dbug: Program[0] debug
info: Program[0] information
warn: Program[0] warning
fail: Program[0] error
crit: Program[0] critical
+ result=0
```

● まとめ

ロギングを構成し、プログラムからログを出力する方法を解説しました。

なお、ログをAzureのサービス「Application Insights」に送信すると、アプリの動作をさまざまな角度から分析できます。詳細は第9章で解説します。

C#プログラミング演習⑤ .NETの「構成」

.NETで、さまざまな場所から設定値を読み込むしくみを提供する「構成」について解説します。

.NETの「構成」とは

.NETの**「構成」(Configuration)** とは、設定ファイル、環境変数、コマンドライン引数、ユーザーシークレット（P.104のコラム参照）、Azure App Configuration（第10章で解説）などから、設定を読み取るしくみです。

「構成」の必要性

P.83の演習「NuGetパッケージの追加」では、サムネイルを生成するコードを開発しました。コードの中に、サムネイルのサイズが直接リテラルで書かれています。

```
class Thumbnail
{
    int SIZE = 100;
}
```

この値を変更したい場合は、コードを書き換えて、アプリのビルドをやりなおす必要があります。そのため、このような設定値は、コードの中に直接記述するのではなく、アプリの起動時に、設定ファイルや環境変数などから読み込むようにすると、アプリを運用しやすくなります。

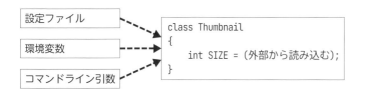

この**「設定ファイルなどから設定値を読み込む」**という機能を提供してくれるのが、.NETの**「構成」**です。さまざまな場所から、統一的な方法で、設定値を読み取ることができます。

4

C#プログラミングの概要を知る

.NETの「構成」

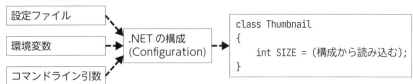

「構成」により、コードの書き換えをすることなく設定値を変更できるようになり、運用のしやすさやメンテナンス性が向上します。

　ここまでサムネイルのサイズの例で説明しましたが、ほかには、データベースに接続するための接続文字列（IPアドレスやデータベース名など）、ロギングの設定（どのカテゴリのログを、どのログレベルで、どの場所に記録するかなど）といった設定値を「構成」で管理することがよくあります。

 構成プロバイダーと構成ソース

　アプリは「構成」（IConfigurationインターフェース）から設定値を読み取ります。**1つの「構成」には複数の「構成プロバイダー」を追加できます。**構成プロバイダーは「構成ソース」（設定ファイルなど）に対応します。JSONの設定ファイルを読み取るJsonConfigurationProvider、コマンドライン引数を読み取るCommandLineConfigurationProvider、など、複数の構成プロバイダーを「構成」に追加できます。

複数の構成プロバイダーを「構成」に追加できる

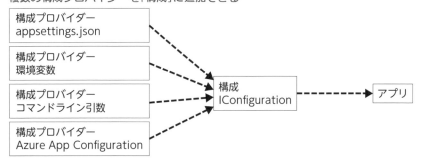

　たとえば、次のように「構成」に「構成プロバイダー1」「構成プロバイダー2」を追加すると、アプリはそれらすべての設定を読み取ることができます。設定はキー・値の形式となります。

構成プロバイダーからの設定値の取得

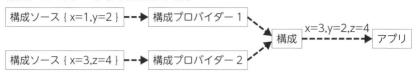

複数の構成プロバイダーでキーが重複する場合は、構成にあとから加えられた構成プロバイダーの値が優先されます。上記の例では、キー「x」の値として、構成プロバイダー2の「3」が取り出されます。このしくみを使用して、たとえば「基本的には設定ファイルで設定された値を使用するが、コマンドライン引数で別の設定値が指定された場合はそれを優先する」といったしくみを作ることができます。

演習の準備：サンプルコードを開く

では、JSON形式の設定ファイルから設定値を読み取るプログラムを開発しましょう。

VS Codeで、サンプルコードの**「proj05-config」フォルダー**を開きましょう。フォルダーの開き方と演習用スクリプトの実行方法は、P.83を参照してください。

Step 1：プロジェクトの作成

コンソールアプリのプロジェクトを作成し、ファイルを準備します。

```
dotnet new console --force
touch appsettings.json
```

Step 2：パッケージの追加

JSON設定ファイルからの構成の読み取りに必要なパッケージ「Microsoft.Extensions.Configuration.Json」を追加します。

```
dotnet add package \
  Microsoft.Extensions.Configuration.Json --version 7.0.0
```

4

C#プログラミングの概要を知る

Step 3：設定ファイルの編集

設定ファイル「appsettings.json」の内容を以下のように変更します。ここでは「x」の値を「1」と設定しています。

appsettings.json

```
{
    "x": 1
}
```

 ## Step 4：プロジェクトファイルの変更

設定ファイルをプログラムで読み取るためには、設定ファイルをビルドの出力ディレクトリ（「bin」ディレクトリ以下）にコピーする必要があります。 そのための設定は「プロジェクトファイル」（ 〜.csproj）に記述します。proj05-config.csprojを開くと、末尾の行が</Project>で終わっているのがわかります。その直前に、以下の要素を追加します。

proj05-config.csprojに追記する要素

```
<ItemGroup>
  <None Update="appsettings.json">
    <CopyToOutputDirectory>PreserveNewest</CopyToOutputDirectory>
  </None>
</ItemGroup>
```

これにより、appsettings.jsonが、ビルドの出力ディレクトリ（「bin」ディレクトリ以下）にコピーされるようになります。なお、Noneは、このファイルに対するコンパイルなどの処理をせずそのままコピーするという意味です。また、PreserveNewestは、「コピー元ファイルがコピー先ファイルよりも新しい場合はコピーする」という意味であり、サイズが大きいファイルを毎回コピーしなくてよいようにするためのオプションです。

また、appsettings.Development.jsonやappsettings.Production.jsonといった「環境」別のファイルを作成することもあります。その場合は、<None Update="appsettings.json;appsettings.*.json">のように記述することで、それらもまとめてコピーできます。

Step 5：Program.csのコーディング

Program.csの内容を以下のように書き換えます。

Program.cs

```
using Microsoft.Extensions.Configuration;

var builder = new ConfigurationBuilder();————①
builder.AddJsonFile("appsettings.json");————②
var config = builder.Build();————③
var x = config["x"];————④
Console.WriteLine(x);
```

①構成の「ビルダー」(ConfigurationBuilderオブジェクト) を作成しています。
　なお、**一般的に「ビルダー」とは、複雑なオブジェクトの構築を支援するオブジェクトのことです。**
②ビルダーに、JSONの設定ファイルを読み取る「構成プロバイダー」を追加します。AddJsonFileを使用して、設定ファイルを指定します。
③Buildメソッドにより、構成をビルドします。構成にアクセスするための IConfigurationを実装したオブジェクト (ConfigurationRoot) を取得します。ここではconfig変数にそれを代入しています。
④構成を読み取ります。configのインデクサー["x"]を使用して、対応する設定xの値1を取得できます。

なお、AddJsonFile("パス", true)のように、第2引数(optional)を指定できます。デフォルトはtrueです。trueの場合、ファイルが存在しない場合には何も行わないので、「ファイルがあれば読み込みたい」場合に便利です。falseに指定すると、ファイルが存在しない場合にSystem.IO.FileNotFoundException例外を送出します。そのため「ファイルの読み込みを必須にする」場合に使いましょう。

 Step 6：実行

「dotnet run」コマンドで実行します。設定ファイル「appsettings.json」から読み込んだxの値として1が出力されればOKです。

4

C#プログラミングの概要を知る

103

まとめ

　ここでは.NETの構成について基礎を解説しました。構成は、Azure App Configurationのようなクラウドサービスで一元管理することも可能です。Azure App Configurationについては第10章で解説します。

Column ● **ユーザーシークレット**

　ユーザーシークレットは、開発環境のプロジェクトで使用される機密情報（たとえば、接続文字列、パスワード、APIキーなど）を、プロジェクトとは別の場所（ユーザーのホームディレクトリ以下に配置されるJSONファイル）に格納し、.NETの構成を使用して取り出す、手軽なしくみです。プロジェクトの設定ファイルやコードの中に機密情報を格納する必要がないため、より安全です。

　プロジェクトを「dotnet new console」コマンドなどで作成してから、以下のように、ユーザーシークレットの初期化とシークレットのセットを行います。

```
dotnet user-secrets init
dotnet user-secrets set 'secret1' 'value1'
```

　「init」により、〜.csprojファイル内にUserSecretsIdという要素が追加され、ユーザーシークレットを記録するJSONファイルと関連付けられます。

　ユーザーシークレットの値を読み取るには「Microsoft.Extensions.Configuration.UserSecrets」パッケージを追加します。最も単純な使用例は以下のようになります。

ユーザーシークレットの値を読み取るプログラムの例
```
using Microsoft.Extensions.Configuration;
var config = new ConfigurationBuilder()
.AddUserSecrets<Program>().Build();
Console.WriteLine(config["secret1"]); // value1 が表示される
```

　なお、本番環境では、ユーザーシークレットではなく、Azure Key Vaultを使用して、機密情報を管理します。詳しくは第10章で解説します。

Section 23 C#プログラミング演習⑥ ConsoleAppFramework

ここからは、ConsoleAppFrameworkというフレームワークを使う方法について解説します。ConsoleAppFrameworkを使うと、コンソールアプリの機能をコマンドとして呼び出せるようになります。Azureのさまざまなライブラリを利用するアプリの開発でも、ConsoleAppFrameworkは大変便利です。ConsoleAppFrameworkの概要についてはP.39で解説しているので、あわせて参照してください。

4

C#プログラミングの概要を知る

「コマンド」とは？

ConsoleAppFrameworkでは、以下のように、**dotnet runに続くコマンド名**で、メソッドを呼び出すことができます。

定義した「コマンド」の呼び出し

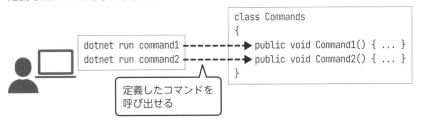

以下のような数行のコードを記述し、コマンドのクラスはConsoleAppBaseを継承するだけで、上記のようなコマンドの呼び出しを実現できます。

「コマンド」の定義例

Program.cs
```
ConsoleApp.CreateBuilder(args)
.Build()
.AddCommands<Commands>()
.Run();
```

Commands.cs
```
class Commands : ConsoleAppBase
{
    public void Command1() { ... }
    public void Command2() { ... }
}
```

これにより、**1つのコンソールアプリに複数の機能をコマンドとして実装し、個別に呼び出すことができます**。コマンド実行の際、引数を渡すこともでき、その引数は各メソッドに渡されます。

 演習の準備：サンプルコードを開く

本演習ではまず、ConsoleAppFrameworkを使った基本的なコーディングと、複数のコマンドを実行するしくみについて理解しましょう。

VS Codeで、サンプルコードの**「proj06-caf」フォルダー**を開きましょう。フォルダーの開き方と演習用スクリプトの実行方法は、P.83を参照してください。

 Step 1：プロジェクトの作成

ConsoleAppFrameworkを使用するコンソールアプリのプロジェクトを作成します。

ここでは、これまで使ってきたconsoleテンプレートではなく**workerテンプレート**を使用します。つまりC#のプロジェクト作成の際に「dotnet new console」コマンドではなく**「dotnet new worker」コマンド**を使用します。

このテンプレートを使用するプロジェクトのコードでは、**構成、DI、ログ出力に必要な名前空間がデフォルトで使用可能となり、これらのusingを書く必要がありません**。また、設定ファイルである「appsettings.json」と「appsettings.Development.json」の作成やユーザーシークレットの初期化が自動的に行われ、かつ、ConsoleAppFrameworkが提供する構成のしくみにより、すぐにこれらを利用できます。このように、ConsoleAppFrameworkを使用するプロジェクトのベースとして、workerテンプレートはいろいろと都合がよいのです。

ワーカーのテンプレートを使うものの、ワーカーそのものは本書では利用しないので、デフォルトで作成されるワーカーのコードWorker.csは削除します。また、Program.csとCommands.csは空のファイルとして準備します。

```
dotnet new worker
rm {Program,Worker}.cs; touch {Program,Commands}.cs
```

なお、「dotnet new worker」コマンドなどで作成したプロジェクトを実行すると、開始する前に「ビルドしています...」というメッセージが表示されます。特にこのままでも問題はありませんが、このメッセージを表示したくない場合は、Properties/launchSettings.jsonを開き、その中のdotnetRunMessagesの値をtrueからfalseに変更して保存します。

Step 2：パッケージの追加

ConsoleAppFrameworkパッケージを追加します。

```
dotnet add package ConsoleAppFramework --version 4.2.4
```

 ## Step 3：Program.csのコーディング

　Program.csを開いて、内容を以下のように変更します。これは、Console AppFrameworkを使用するコンソールアプリの起動部分です。

Program.cs

```
ConsoleApp.CreateBuilder(args)────①
.Build()──────────────────②
.AddCommands<Commands>()────③
.Run();───────────────────④
```

　このコードの意味は以下の通りです。

①ConsoleAppのCreateBuilderメソッドを使用して、コンソールアプリのビルダー（P.103参照）を作ります。
②続いて、Buildメソッドで、アプリを作成します。
③続いてアプリのAddCommandsメソッドで、Commandsクラスを指定しています。これにより、このクラス内のpublicメソッドがコマンドとして登録されます。
④最後にRunメソッドで、アプリを実行します。

 ## Step 4：Commands.csのコーディング

　ConsoleAppFrameworkを使用するコンソールアプリには、複数の「コマンド」を追加できます。Commands.csの内容を次のように変更します。

4

C#プログラミングの概要を知る

```
class Commands : ConsoleAppBase
{
    public void Hello(string name) =>
        Console.WriteLine($"Hello, {name}!");
    public void HelloWorld() =>
        Console.WriteLine("Hello, World!");
}
```

ConsoleAppFrameworkのコマンドを定義するクラスは、ConsoleAppBaseを継承して作ります。**このクラス内のpublicのメソッドが、コマンドとして個別に呼び出せるようになります。**

publicのメソッドをコマンドとして呼び出せる

```
                                  class Commands
                                  {
dotnet run hello --name ... ----->  public void Hello(string name) { ... }
dotnet run hello-world      ----->  public void HelloWorld() { ... }
                                  }
```

Helloメソッドは、引数nameを受け取り、それを含めたメッセージを表示します。一方HelloWorldメソッドは、引数がなく、固定のメッセージを表示します。

● Step 5：コマンドの実行①

以下のコマンドを実行します。HelloCommandsクラスのHelloメソッドが実行されます。

Helloメソッドを実行
```
dotnet run hello --name Yamada
```

「dotnet run」に続いて、コマンド名を指定します。メソッド名が「Hello」の場合、対応するコマンド名は小文字の「hello」となります。メソッドの引数は、コマンドのオプションとして指定します。オプションは「--」始まりで指定します。

実行結果
```
Hello, Yamada!
```

Step 6：コマンドの実行②

　元のメソッドが「HelloWorld」といったように2単語の場合は、「hello-world」のようにハイフン区切りのコマンド名となります。以下のコマンドを実行します。

HelloWorldメソッドを実行

```
dotnet run hello-world
```

　これでHelloCommandsクラスのHelloWorldメソッドが実行されます。

実行結果

```
Hello, World!
```

 ## まとめ

　ここでは、ConsoleAppFrameworkの基本的な利用方法を解説しました。コマンドクラスに複数の「コマンド」を定義し、コマンドラインから呼び分けることができます。また、コマンドに任意の引数を簡単に渡すことができます。

　ConsoleAppFramework自体は、Azureのようなクラウドサービスと直接の関係はありませんが、たとえば、Azureのサービスの機能A、B、C……を呼び出すアプリ、といったものを、1つのコンソールアプリとして極めてコンパクトに開発できるので、大変便利なフレームワークです。また、Azureの操作を行うためのクライアントライブラリをコンソールアプリに組み込んでいくことも、ConsoleAppFrameworkを利用することで、比較的簡単に実現できます。本書の後半でもよく使うので、しっかり理解しておきましょう。

4

C#プログラミングの概要を知る

Section 24

C#プログラミング演習⑦
ConsoleAppFrameworkでのDI

ここではConsoleAppFrameworkでDI（依存性の注入）を使用する方法を解説します。

DIを利用する

ConsoleAppFrameworkでは、DI（P.90参照）をすぐに利用できます。第4章「依存性の注入」（proj03-di）で作った「メールを送信する機能」を、ここでも作成してみましょう。

演習の準備：サンプルコードを開く

ここから演習を行います。VS Codeで、サンプルコードの**「proj07-caf-di」フォルダー**を開きましょう。フォルダーの開き方と演習用スクリプトの実行方法は、P.83を参照してください。

Step 1：プロジェクトの作成

ConsoleAppFrameworkを使用するコンソールアプリのプロジェクトを作成し、ファイルを準備します。

```
dotnet new worker
rm {Program,Worker}.cs; touch {Program,Commands}.cs
```

Step 2：パッケージの追加

ConsoleAppFrameworkパッケージを追加します。

```
dotnet add package ConsoleAppFramework --version 4.2.4
```

Step 3：IMailSender.csのコーディング

P.92の演習「依存性の注入」（proj03-di）で作成したものと同じ、IMailSender.csを作成します。

Step 4：MailSender.csのコーディング

前のステップと同様、P.92の演習「依存性の注入」（proj03-di）で作成したものと同じ、MailSender.csを作成します。

Step 5：Commands.csのコーディング

MailSenderを利用するコマンドのクラスを記述します。

Commands.cs

```
using MailService;

class Commands : ConsoleAppBase
{
    private readonly IMailSender _mailSender;

    public Commands(IMailSender mailSender) =>
        _mailSender = mailSender;

    public void SendTestMail() =>
        _mailSender.SendMail(
            "test@example.com",
            "test",
            "this is a test mail.");
}
```

 IMailSenderのフィールドを宣言しています。

 コンストラクターには、IMailSenderを実装したMailSenderクラスのオブジェクトが渡されます。フィールドにそれを格納します。

 コマンドの定義です。MailSenderを使用してメールを送信します。

Step 6：Program.csのコーディング

プログラムの起動部分であるProgram.csの内容を以下のように書き換えます。

Program.cs

```
using MailService;

ConsoleApp.CreateBuilder(args)
.ConfigureServices((context, services) =>          ①
    services.AddSingleton<IMailSender, MailSender>())  ②
.Build().AddCommands<Commands>().Run();
```

①ConfigureServicesでは、DIコンテナーに、コマンドで使用するサービスを
登録します。サービスとは、ここでは、MailSenderのことです。
②IMailSenderと、その実装クラスMailSenderを対応付けてDIコンテナーに
登録しています。

 Step 7：実行

「dotnet run send-test-mail」でコマンドを実行します。実行結果は演習「依存
性の注入」(proj03-di) と同様です。

実行結果

```
送信先：test@example.com
件名：test
本文：this is a test mail.
メールを送信しました
```

 まとめ

この演習では、ConsoleAppFrameworkのDI機能を使用して、「メール送信」
オブジェクトをコマンドのオブジェクトに「注入」して使用しました。このしくみ
のおかげで、コマンド側では、必要なオブジェクトを自分で作る必要ありません。
また、ConsoleAppFrameworkを使用すると、.NETのServiceCollectionや
ServiceProviderを直接コーディングする必要がなく、DIをすぐに使用できるの
が大変便利です。

C#プログラミング演習⑧ ConsoleAppFrameworkでのロギング

ここではConsoleAppFrameworkでロギングを使用する方法を解説します。

ロギングを利用する

ロギングの概要については、P.96で解説しました。ConsoleAppFramework を使用することで、コンソールアプリから簡単にログを出力できます。

演習の準備：サンプルコードを開く

ここから演習を行います。VS Codeで、サンプルコードの**「proj08-caf-logging」フォルダー**を開きましょう。フォルダーの開き方と演習用スクリプトの実行方法は、P.83を参照してください。

Step 1：プロジェクトの作成

ConsoleAppFramework を使用するコンソールアプリのプロジェクトを作成し、ファイルを準備します。

```
dotnet new worker
rm {Program,Worker}.cs; touch {Program,Commands}.cs
```

Step 2：パッケージの追加

ConsoleAppFramework パッケージを追加します。

```
dotnet add package ConsoleAppFramework --version 4.2.4
```

Step 3：Commands.csのコーディング

ログ出力を行うコマンドでは、前の演習で説明したDIを使用して、ロガーを受け取ります。

```
class Commands : ConsoleAppBase
{
    private readonly ILogger<Commands> _logger;
    public Commands(ILogger<Commands> logger) =>
        _logger = logger;
    public void LogSample()
    {
        _logger.LogTrace("trace");
        _logger.LogDebug("debug");
        _logger.LogInformation("information");
        _logger.LogWarning("warning");
        _logger.LogError("error");
        _logger.LogCritical("critical");
    }
}
```

● Step 4：Program.csのコーディング

　アプリの起動部分を記述します。ConfigureLoggingで、ログプロバイダーのカスタマイズを行うことができます。

```
using Microsoft.Extensions.Logging;
ConsoleApp.CreateBuilder(args)
.ConfigureLogging((context, logging) =>
{
    logging.ClearProviders();──────────────①
    logging.AddSimpleConsole(options =>──────②
    {
        options.SingleLine = true;──────────③
    });
    logging.AddFilter(nameof(Commands), LogLevel.Trace);──④
})
.Build().AddCommands<Commands>().Run();
```

①ConsoleAppFrameworkはデフォルトで独自のシンプルなログ出力を行う
ログプロバイダーを提供します。前のサンプル (proj04-logging) と同じ形式
でログを出力するために、ここではデフォルトのログプロバイダーはクリアし
ます。

②明示的にログプロバイダーを追加しています。

③複数行ではなく単一行でログを出力するようにカスタマイズを行っています。

④ログ出力の重大度レベルを「Trace」以上としています。「Trace」を含むすべ
てのレベルのログが出力されます。

 Step 5：実行

「dotnet run log-sample」でコマンドを実行すると、以下のようなログが表示
されます。

実行結果

```
trce: Commands[0] trace
dbug: Commands[0] debug
info: Commands[0] information
warn: Commands[0] warning
fail: Commands[0] error
crit: Commands[0] critical
```

 Step 6：設定ファイルでログを設定する

ログの出力については、設定ファイルで設定することもできます。appsettings.
Development.jsonを以下のように変更します。

appsettings.Development.json

```
{
  "Logging": {
    "LogLevel": {
      "Default": "Information",
      "Microsoft.Hosting.Lifetime": "Information",
      "Commands": "Trace"━━━━━━━①
    },
```

4

C#プログラミングの概要を知る

115

```
    "Console": {————————②
      "FormatterName": "simple",
      "FormatterOptions": {
        "SingleLine": true,
        "TimestampFormat": "HH:mm:ss ",
        "UseUtcTimestamp": false
      }
    }
  }
}
```

①ログのフィルターのレベルを設定し、Commandsクラスからの出力をTrace
以上としています。
②この部分以降で、出力のフォーマットを指定しています。

　この場合、Program.csは以下のようになります。

Program.cs

```
ConsoleApp.CreateBuilder(args, options =>
{
    options.ReplaceToUseSimpleConsoleLogger = false;————①
})
.Build()
.AddCommands<Commands>().Run();
```

①ConsoleAppFrameworkに対し、独自のログプロバイダーに入れ替えない
ようにオプションで指示しています。

　ログの設定を設定ファイル側で行っているため、ConfigureLogging部分の記
述を行う必要がなくなります。この場合の実行結果はStep5と同じです。

 まとめ

　ここではConsoleAppFrameworkでのロギングについて解説しました。コマ
ンドのクラスでは、DIと同じ方法でロガーのオブジェクトを受け取るだけなので、
とても簡単にログを使用できますね。

Section 26

C#プログラミング演習⑨ ConsoleAppFrameworkでの「構成」の利用

ここではConsoleAppFrameworkで.NETの「構成」を使用する方法を解説します。

ConsoleAppFrameworkで「構成」を利用する

ConsoleAppFrameworkを使用するアプリでは、以下のような構成ソースから「構成」を読み取りできます。なおappsettings.{Environment}.jsonというのは、具体的には、appsettings.Development.jsonやappsettings.Production.jsonといったファイル名になります。

- appsettings.json
- appsettings.{Environment}.json
- ユーザーシークレット（開発環境のみ）
- 環境変数
- コマンドライン引数

またオプションで、Azure App Configurationなどの追加の構成ソースを利用することも可能です。詳しくは第10章で解説します。

ここでは、**workerテンプレートのプロジェクトで用意されるappsettings.jsonファイルから構成を読み取る例を紹介します。**

演習の準備：サンプルコードを開く

ここから演習を行います。VS Codeで、サンプルコードの**「proj09-caf-config」フォルダー**を開きましょう。フォルダーの開き方と演習用スクリプトの実行方法は、P.83を参照してください。

Step 1：プロジェクトの作成

ConsoleAppFrameworkを使用するコンソールアプリのプロジェクトを作成し、ファイルを準備します。

```
dotnet new worker
rm {Program,Worker}.cs; touch {Program,Commands}.cs
```

 ## Step 2：パッケージの追加

ConsoleAppFrameworkパッケージを追加します。

```
dotnet add package ConsoleAppFramework --version 4.2.4
```

 ## Step 3：設定ファイルの作成

次に、「appsettings.json」ファイルに、「message ＝ Hello! from appsettings.json.txt」という設定を追加します。

appsettings.json

```
{
  "Logging": {
    "LogLevel": {
      "Default": "Information",
      "Microsoft.Hosting.Lifetime": "Information"
    }
  },───────────────────────────────────────────①
  "message": "Hello! from appsettings.json.txt"───②
}
```

①カンマ (,) の追加が必要です。
②ここで新しい設定を追加しています。

 ## Step 4：Commands.csのコーディング

構成を利用するコードを記述します。

Commands.cs

```
class Commands : ConsoleAppBase
{
    private readonly IConfiguration _config;

    public Commands(IConfiguration config) => _config = config;

    public void ConfigSample() =>
        Console.WriteLine(_config["message"]);
}
```

● Step 5：Program.csのコーディング

　冒頭でも説明したように、ConsoleAppFrameworkはデフォルトでappsettings.jsonなどの構成ソースから構成を読み取るため、カスタマイズの必要がなければ、特にコードを書く必要はありません。

　必要であれば、Program.csの内容を以下のように変更し、ConfigureAppConfigurationの中で構成プロバイダーの追加などを行います。

Program.cs

```
ConsoleApp.CreateBuilder(args)
.ConfigureAppConfiguration((context, config) =>
{
    // 構成プロバイダーの追加などを行う
})
.Build().AddCommands<Commands>().Run();
```

● Step 6：実行（設定ファイルから値を取得）

　「dotnet run config-sample」でコマンドを実行すると、設定ファイルから値が読み取られて、messageの値は「Hello! from appsettings.json.txt」となります。この値が出力されます。

実行結果

```
Hello! from appsettings.json.txt
```

4

C#プログラミングの概要を知る

Step 7：実行（環境変数から値を取得）

以下のように、環境変数をエクスポートして、プログラムを実行します。

```
export MESSAGE='Hello! from environment variable'
dotnet run config-sample
```

「dotnet run config-sample」でコマンドを実行すると、環境変数から値が読み取られて、messageの値は「Hello! from environment variable」となります。この値が出力されます。

実行結果

```
Hello! from environment variable
```

 ## Step 8：実行（コマンドライン引数から値を取得）

以下のように、「message=……」というコマンドライン引数を付与して、プログラムを実行します。

```
dotnet run config-sample message='Hello! from command argument'
```

「dotnet run config-sample」でコマンドを実行すると、コマンドライン引数から値が読み取られて、messageの値は「Hello! from command argument」となります。この値が出力されます。

実行結果

```
Hello! from command argument
```

 ## まとめ

.NETの構成を使用して、設定ファイル、環境変数、コマンドライン引数など、さまざまな構成ソースからの値の読み込みを統一的に行うことができます。また、ConsoleAppFrameworkや、後述するWebアプリ（ASP.NET Core）では、デフォルトの構成ソースを使用する場合、構成に関するコーディングをする必要がありません。ConfigureAppConfigurationの中でAzure App Configurationなどの追加の構成ソースを利用することも可能です。詳しくは第10章で解説します。

Section 27 C#プログラミング演習⑩ Webアプリの開発

ここまでコンソールアプリについて解説してきましたが、本節ではWebアプリについて解説します。**Webアプリからも、Azureの機能にアクセスできます。**また、**WebアプリをAzureにデプロイして運用できます。**

この演習では、.NETでWebアプリやWeb APIを開発するためのフレームワークである**ASP.NET Core（Razor Pages）**（P.41参照）を使用して、Webアプリを開発します。ASP.NET Coreでも、ConsoleAppFrameworkと同様に、DI（依存性注入）、ロギング、構成などのしくみをすぐに利用できます。

 ## 演習の準備：サンプルコードを開く

ここから演習を行います。VS Codeで、サンプルコードの**「proj10-webapp」フォルダー**を開きましょう。フォルダーの開き方と演習用スクリプトの実行方法は、P.83を参照してください。

 ## Step 1：プロジェクトの作成

Webアプリのプロジェクトを作成します。**Webアプリを作成する場合はwebappテンプレートを使用します。**

```
dotnet new webapp --force
```

 ## Step 2：DIの準備

P.92の「依存性の注入」（proj03-di）で作成したIMailSenderとMailSender.csの2ファイルと同じものを、このプロジェクトでもDIの例として利用します。

 ## Step 3：Program.csの構造の確認

プログラムの起動部分であるProgram.csを簡単に確認します。ただし、現時点では、ここに書かれているすべてのものを理解する必要はないので、ポイントを

4

C#プログラミングの概要を知る

押さえていきましょう。

　Program.csには、ASP.NET CoreのWebApplicationBuilderを使用して、WebApplicationを組み立てて実行するコードがテンプレートから生成されます。

Program.csの構造

```
var builder = WebApplication.CreateBuilder(args);
// ... 略 ...
var app = builder.Build();
// ... 略 ...
app.Run();
```

　このように、**WebApplicationを組み立てるコードは、「ビルダーを作る」「アプリをビルドする」「アプリをRunする」という形**になっています。

　ASP.NET CoreのWebApplicationは、DI、ロギング、構成などのしくみを内蔵しています。これらを使用またはカスタマイズする場合は、builder変数を使用して、以下のように、必要なコードを追加していきます。

Program.csのコーディング例

```
var builder = WebApplication.CreateBuilder(args);
// DI のコード
// ロギングのコード
// 構成のコード
var app = builder.Build();
// ... 略 ...
app.Run();
```

Step 4：Program.csのコーディング

　では、Program.csで、DI・ロギング・構成を使用するようにコーディングしていきましょう。以下は、Program.csのコーディング例の抜粋です。

Program.cs

```
using MailService;───────────────────────────①
var builder = WebApplication.CreateBuilder(args);───────②
```

```
// DI のコード
IServiceCollection serviceCollection = builder.Services;————③
serviceCollection.AddSingleton<IMailSender, MailSender>();

// ロギングのコード
ILoggingBuilder loggingBuilder = builder.Logging;————④
loggingBuilder.ClearProviders();
loggingBuilder.AddSimpleConsole(options =>
{
  options.SingleLine = true;
});

// 構成のコード
IConfigurationBuilder confBuilder = builder.Configuration;————⑤
// 以下略
```

4

C#プログラミングの概要を知る

①前のステップで追加したIMailSenderとMailSenderを使用します。

②これは元から書かれているコードです。

③builder.Servicesでは、IServiceCollectionにアクセスできます。ここまでの演習で解説したのと同じ方法で、DIコンテナーへの登録を行うことができます。続くコードで、IMailSenderとMailSenderを関連付けてDIコンテナーに登録しています。

④builder.Loggingで、ILoggingBuilderにアクセスできます。ここまでの演習で解説したのと同じ方法で、ログの構成ができます。続くコードで、ログの構成を行っています。

⑤builder.Configurationで、ConfigurationManagerというオブジェクトにアクセスできます。このクラスは、IConfigurationBuilderインターフェースを実装しているため、ここまでの演習で解説したのと同じ方法で、構成のカスタマイズができます。

　なお、上記の例と説明では、「ここまでの演習で解説したやり方と同じである」ことを強調するため、あえて、IServiceCollection、ILoggingBuilder、IConfigurationBuilderなどの型の変数を使用しています。必要がない場合、次のようにシンプルに記述することも可能です。

```
using MailService;

var builder = WebApplication.CreateBuilder(args);

// DI のコード
builder.Services.AddSingleton<IMailSender, MailSender>();

// ロギングのコード
builder.Logging.ClearProviders()
.AddSimpleConsole(options => options.SingleLine = true);

// 構成のコード ( 環境変数の読み取り )
builder.Configuration.AddEnvironmentVariables("MYCONFIG_");
```

 ## Step 5：Razorページの追加

「**dotnet new page**」**コマンド**で、新しいRazorページを追加できます。

```
dotnet new page -n Sample -o Pages/ \
  --namespace WebAppSample1.Pages
```

「dotnet new page」コマンドのオプション

オプション	概要
-n	ファイル名を指定
-o	出力先フォルダーを指定
--namespace	名前空間を指定

このコマンドにより、Pages/Sample.cshtml と Pages/Sample.cshtml.cs の 2ファイルが生成されます。

 ## Step 6：Razorページのコーディング

Razor Pages のページモデルで、DI、ロギング、構成を使用する例を示します。
次は、ページモデルのクラス「Pages/Sample.cshtml.cs」の主要な部分の抜粋 です。

Pages/Sample.cshtml.cs（抜粋）

```
public class SampleModel : PageModel
{
    private readonly ILogger<SampleModel> _logger;
    private readonly IMailSender _mailSender;
    private readonly IConfiguration _config;
    public SampleModel(IMailSender mailSender,────────①
        ILogger<SampleModel> logger, IConfiguration config) =>
        (_mailSender, _logger, _config) = (mailSender, logger, config);
    public void OnGet()────────────────────②
    {
        var message = _config["MYCONFIG_MESSAGE"];────③
        _logger.LogInformation("message: {}", message);──④
        _mailSender.SendMail(─────────────⑤
            "test@example.com",
            "test",
            "this is a test mail from SampleModel.OnGet");
    }
}
```

4

C#プログラミングの概要を知る

①コンストラクターでは、DIコンテナーから、メール送信のためのIMailSender、ロガー（ILogger）、構成にアクセスするためのオブジェクト（IConfiguration）を受け取って、フィールドにセットしています。

②このページにHTTPのGETメソッドでアクセスされた際に、このメソッドが起動されます。

③構成からの値の取得ができます。

④ログの出力を行っています。

⑤DIコンテナーで受け取ったIMailSenderを使用したメール送信を行っています。

 Step 7：動作確認

Webアプリの動作を確認します。

デフォルトではProperties/launchSettings.jsonで指定されたポート番号が使用されますが、以下のようにしてポート番号を明示的に指定することができます。

```
export MYCONFIG_MESSAGE='Hello from environment variable'
dotnet run --urls=http://localhost:8080
```

実行結果（出力されるログ）

```
info: Microsoft.Hosting.Lifetime[14]
      Now listening on: http://localhost:8080
```

　実行中にWebブラウザでhttp://localhost:8080/Sampleに手動でアクセスすると、追加したRazorページが表示されます。

Sampleページの表示

```
←  C  ⓘ  localhost:8080/Sample

proj10_webapp    Home   Privacy

sample

© 2023 - proj10_webapp - Privacy
```

　またこのときターミナルに以下のように出力され、DI・ロギング・構成が利用できていることがわかります。

実行結果

```
info: (... 略 ...) message: Hello from environment variable
送信先：test@example.com
件名：test
本文：this is a test mail from IndexModel.OnGet
メールを送信しました
```

 まとめ

　この演習では、ASP.NET Core（Razor Pages）を使用して、Webアプリを作成する方法、Razorページを追加する方法を学びました。そして、前節までで説明したDI（依存性注入）、ロギング、構成などをWebアプリに組み込む方法も学びました。Webアプリは、Azure App Serviceなどにデプロイして、Azure上で運用できます。これは第8章で解説します。また、Webアプリに、Azure上の機能やデータにアクセスするクライアントライブラリを組み込んでいく際に、この演習で確認したDIや構成の知識が必要となってきます。Azure上の機能へのアクセスは第7章、データアクセスは第8章で解説します。また、Webアプリが出力するログなどのデータを、Azure Application Insightsに転送してモニタリングできます。これは第9章で解説します。

Section 28 C#プログラミング演習⑪ 非同期処理

Azureにアクセスするプログラムなどでは、C#のasync、await、Taskなどを使用した非同期処理のコードもよく利用されます。ここでは、以降を読み進める前に押さえておきたい、非同期に関する、最低限の知識とルールを解説します。

非同期処理とは？

非同期処理は、あるタスク（Azureの機能の呼び出しなど）を開始した際に、呼び出し元がその完了を待たずに別のタスクを実行するような処理です。

非同期処理により、たとえば、Azureの機能を呼び出し、そのレスポンスを待っている間、プログラムは別の処理を続行できます。これにより、アプリやシステムのスケーラビリティを高めたり、応答性を改善したり（GUIの処理が止まらないようにするなど）することができます。C# 5.0以前では、スレッド、イベント、Taskクラスのメソッドなどを使ってコーディングする必要がありましたが、C# 5.0からは、簡単なキーワードを利用して、コードを少し書き換えるだけで、非同期の処理を記述できます。

非同期処理

①Azureの機能を呼び出す

プログラム ◀ ----------------------------- ▶ Azure

②プログラムは①のレスポンスを
待っている間、別の処理を続行

Azureを利用するためのライブラリの多くは、同期処理と非同期処理の両方に対応したメソッドを提供します。しかし、ライブラリによっては、非同期のメソッドだけを提供するものも存在します。たとえば、Cosmos DBや、Cognitive Servicesのクライアントライブラリがこれに該当します。従って、これらのライブラリを使用するプログラマは、非同期のコードの記述方法について理解しておく必要があります。

非同期処理そのものの解説は、公式サイトや他の書籍などに譲ります。この演習では、最低限覚えておいてほしい文法的なルールだけを解説します。このルールを覚えておけば、非同期のメソッドを使って基礎的なコードを書くことができます。

4

C#プログラミングの概要を知る

演習の準備：サンプルコードを開く

この演習ではコンソールアプリを使用して、テキストファイルの読み取りのコードを同期処理と非同期処理で実装します。2つの処理のコードを比べて、コードの書き方の違いを理解してください。

VS Codeで、サンプルコードの**「proj11-async」フォルダー**を開きましょう。フォルダーの開き方と演習用スクリプトの実行方法は、P.83を参照してください。

 Step 1：プロジェクトの準備

コンソールアプリのプロジェクトを作成します。

```
dotnet new console --force
```

 Step 2：Program.csのコーディング

このサンプルコードでは、比較ができるように、同期と非同期のメソッドを並べて定義しています。どちらも、指定されたテキストファイルを読み込んでその文字列を返します。

Program.cs

```
var util = new FileUtil("test.txt");
Console.WriteLine(util.Read());
Console.WriteLine(await util.ReadAsync());

class FileUtil
{
    private readonly string _path;
    public FileUtil(string path) => _path = path;
    // 同期のメソッド
    public string Read()
    {
        var text = File.ReadAllText(_path);
        return text;
    }
    // 非同期のメソッド
```

```
public async Task<string> ReadAsync()
{
    var text = await File.ReadAllTextAsync(_path);
    return text;
}
}
```

最低限覚えておいてほしい文法的なルールは以下となります。

- 名前が「〜Async」となっているものは非同期メソッドです（C#の規則により、非同期メソッドはAsyncで終わる名前とします）。
- 非同期メソッドを呼び出す部分では、その前にawaitと書きます。
- メソッド内部で非同期メソッドを呼び出す際は以下のようにします。
    - メソッドの名前を「〜Async」とします。
    - 戻り値の型の前にasyncを書きます。
    - 戻り値を返す場合は、メソッドの戻り値の型を「Task<戻り値の型>」とします。
    - 戻り値を返さない場合は、メソッドの戻り値の型をTaskとします。

上記のプログラムでは、ルールが以下のように適用されます。

- ReadAllTextAsyncは、非同期のメソッドです。
- それを呼び出すReadAsyncも、非同期のメソッドとします。
    - 名前にAsyncを付けてReadAsyncとします。
    - 戻り値の型の前にasyncを書きます。

- ReadAllTextAsyncの呼び出し部分と、ReadAsyncの呼び出し部分の前にawaitキーワードを書きます。
- ReadAsyncはstringを返すので、メソッドの戻り値の型は「Task」とします。戻り値そのものはstringでかまいません。

4

C#プログラミングの概要を知る

Step 3：動作確認

echoコマンドでtest.txtを作成してから、「dotnet run」コマンドでアプリを実行します。

```
echo 'hello' > test.txt
dotnet run
```

実行すると、helloが2回出力されます。

実行結果

```
hello

hello
```

 まとめ

　Azureなどの非同期プログラミングで必要となる、async、await、Taskを使用したプログラミングの文法的なルールについて解説しました。このルールに従うことで、非同期のメソッドを利用した基本的なコードを書くことができます。

　なお、本書のサンプルコードの多くは、わかりやすさを優先するため、非同期の処理が必須ではない場合は、あえて同期のメソッドを使用しています。Azureの機能の呼び出しは、多くの場合、非同期の処理に書き換えることができ、それによってアプリのスケーラビリティや応答性が向上する可能性があります。

　非同期処理のプログラミングについての詳細は、以下のページなどを参照してください。

• **非同期プログラミング**
https://learn.microsoft.com/ja-jp/dotnet/csharp/async

Chapter

5

Azureアプリ開発の
概要を知る

本章では、Azureを利用するアプリの開発に必要となる基礎知識
を説明します。まずはAzureを利用するアプリ開発の流れを紹介
し、その後でAzureのエンドポイントや認証などのしくみについ
て解説していきましょう。

Section 29

Azureアプリ開発の流れを理解する

本節では、Azureを利用したアプリ開発の、全体の流れについて解説しましょう。

Azureアプリ開発の全体像

.NET（C#）を使用したAzureアプリ開発の流れは、基本的には以下のようになります。第4章で学習したように、C#でアプリを開発・実行する場合は①、②、③、⑦を実施します。アプリからAzureにアクセスする場合は④、⑤、⑥も実施します。開発したアプリをAzure上で実行する場合は⑧、⑨も実施します。

Azureアプリ開発の流れ

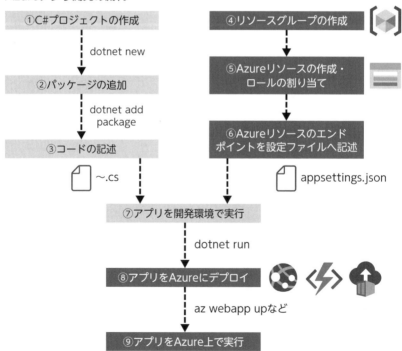

Azureアプリ開発の各工程

Azureアプリ開発の各工程について、解説しましょう。

●①C#プロジェクトの作成

「dotnet new」コマンドを使用して、C#のプロジェクトを作成します。前章では、「dotnet new console」「dotnet new worker」「dotnet new webapp」コマンドなどを使用しました。ここは、Azureアプリ開発でも同様です。

●②パッケージの追加

「dotnet add package」コマンドを使用して、プロジェクトに必要なパッケージを追加します。前章では、ConsoleAppFrameworkなどのパッケージの追加と利用について説明しました。Azureの開発では、これらに加えて、**Azureのアクセスに必要なパッケージ（Azure SDK）を追加することになります。**

●③コードの記述

Program.csやCommands.cs、Webアプリの場合はRazor Pages（P.41参照）のファイル（〜.cshtml.cs）などに、必要な処理を記述します。

●④リソースグループの作成

ここからはAzureが関わってきます。まず、Azure CLIの「az group create」コマンドを使用して、Azureのリソースを格納するためのリソースグループ（P.21参照）を作成します。

●⑤Azureリソースの作成・ロールの割り当て

Azureにデプロイ（作成）するリソースや、リソースに割り当てるロールを、ARMテンプレートやBicepファイルに記述します（本書ではBicepを利用します）。そしてAzure CLIの「az deployment group create」コマンドを使用して、リソースグループ内にAzureのリソースを作成します。同時に、ロールの割り当てを行います。

●⑥Azureリソースのエンドポイントを設定ファイルへ記述

Azureリソースを作成すると、リソースへのアクセスを行うための「エンドポイント」（アドレス）が決まります。アプリの設定ファイルである「appsettings.json」に、そのエンドポイントを記述します。

5

Azureアプリ開発の概要を知る

● ⑦アプリを開発環境で実行

　アプリを開発環境（開発者の手元のパソコン内）で実行し、アプリのC#プロジェクトを作成する動作を確認します。たとえば、ストレージアカウントに対するデータの読み書きがアプリから正しく行えることを確認します。

● ⑧アプリをAzureにデプロイ

　アプリを開発環境ではなくAzure上でホスティングしたい場合は、開発したアプリをAzureにデプロイします。デプロイ先は、Azureのコンピューティングのサービス（Azure App Service、Azure Functions、Azure Container Instancesなど）になります。

● ⑨アプリをAzure上で実行

　Azureのコンピューティングサービス上にデプロイされたアプリにアクセスして、Azure上でのアプリの動作を確認します。

Section 30 Azure SDKについて理解する

ここからは、Azureを使用するアプリの開発に必要な知識を解説します。まず本章では、アプリからAzureにアクセスするための公式ライブラリである「Azure SDK」について説明します。

Azure SDKとは

Azureのサービスにアプリからアクセスする場合、Azure SDK (Software Development Kit) をアプリに組み込みます。**Azure SDKは、Azureのサービスを呼び出すためのライブラリです。**.NET (C#、F#、Visual Basic)、Java、JavaScript、TypeScript、Python、Go、C、C++など、主要なプログラミング言語に対応したものが提供されています。

Azure SDKの入手方法

以下のページから、各種言語用のAzure SDKにアクセスできます。

• **Azure SDKのページ**
https://azure.microsoft.com/ja-jp/downloads/

このページ内の [SDKの取得] をクリックすると、Azureの各サービス (リソース) にアクセスするために必要なライブラリの名前やバージョンの情報が取得できるページが表示されます。.NETの場合は、第4章で解説したNuGetパッケージの形で、必要なライブラリを入手できます。

Azure SDKの利用方法

Azureの公式ドキュメント (https://learn.microsoft.com/ja-jp/azure/) の各サービスのドキュメントには、「クイックスタート」「チュートリアル」「サンプル」といったページが含まれています。各サービスのSDKの利用方法について詳しく知りたい場合は、まずはこれらのページから確認していくとよいでしょう。

ライブラリの種類

　Azure SDKに含まれるライブラリには、クライアントライブラリとマネジメントライブラリがあります。

　クライアントライブラリは、サービス内のデータのアクセスや機能の呼び出しを担当し、**マネジメントライブラリ**は、Azure リソースそのものの管理（作成や削除など）を担当します。

クライアントライブラリとマネジメントライブラリ

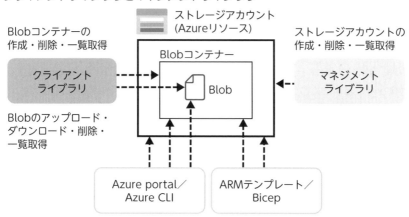

　なお、Azure portal、Azure CLI、ARMテンプレート、BicepといったAzureの標準のツールでも、Azureリソースなどを操作できます。たとえばAzure portalを使用して、ストレージアカウントやBlobコンテナーを作成したり、Blobをアップロードしたりできます。

 ## クライアントライブラリ

　すでにAzureリソースが存在し、そのリソースに対する操作を行いたい場合は、クライアントライブラリを使用します。たとえばAzureリソースの一種である「ストレージアカウント」を作成すると、その中でBlob、Files、Queues、Tablesの4つのサービスが利用できますが、これらのサービスを操作するために、クライアントライブラリを使用します。

Azureサービスと対応するクライアントライブラリの例

Azureサービス	クライアントライブラリ
Azure Blob Storage	Azure.Storage.Blobs
Azure Files	Azure.Storage.Files.Shares
Azure Queue Storage	Azure.Storage.Queues
Azure Table Storage	Azure.Data.Tables

　一般的なアプリやシステムの運用では、あらかじめAzure portalなどのツール
を使用してAzureリソースを作成しておきます。アプリやシステムでは、クライ
アントライブラリを使用して、**Azureリソース内のデータを読み書きしたり、機
能を呼び出したりします。**

　たとえばAzure.Storage.Blobsクライアントライブラリを使用すると、Blobコ
ンテナーの作成・削除・一覧取得、Blobのアップロード・ダウンロード・削除・
一覧取得などを実行できます。

　ただし、クライアントライブラリでは、Azureリソース（ストレージアカウント
など）の作成・削除・一覧取得などは実行できません。

マネジメントライブラリ

　Azureリソースの作成・削除・一覧取得といった、Azureリソース自体の管理
を行いたい場合は、マネジメントライブラリを使用します。たとえば、ストレー
ジアカウントの作成・削除・一覧取得を行うには、マネジメントライブラリの
Azure.ResourceManager.Storageを使用します。

　**一般的にリソースの管理には、Azure portal、ARMテンプレート、Bicep、
Azure CLIなどの、すでに提供されている標準のツールを使用すればよい**ため、
自分でコードを書いてリソース管理を実装する必要はありません。しかし、Azure
リソースの作成・削除を自動的に行うようなツールや管理画面などを自作したい、
システムの動作中にリソースを動的に作成したい、といった場合には、マネジメン
トライブラリを使用することになります。

5

Azureアプリ開発の概要を知る

Section 31
Azureリソースの作成方法を理解する

　では続いてAzureリソースの作成方法について確認していきましょう。本書では、Azure CLIとBicep（バイセップ）の2つのツールを使用します。

　第1章でも簡単に説明しましたが、Azure CLIは、クロスプラットフォームの、Azure操作用コマンドです。Bicepは、Azureのリソースをわかりやすい形式で定義し、Azureにデプロイするためのしくみです。どちらも、開発環境で利用できます。

　本書では、リソースグループの作成などにはAzure CLI、リソースグループ内へのリソースの作成にはBicepを使用します。 本書のサンプルコードには、Azure CLIやBicepを使用して必要なセットアップを行うスクリプトが含まれています。

● Azure CLIの使用方法

　第3章のセットアップで、開発環境にAzure CLIをインストールし、Azureにサインインしています。

　Azure CLIを使用して、リソースグループやリソースを操作できます。

Azure CLIの利用例

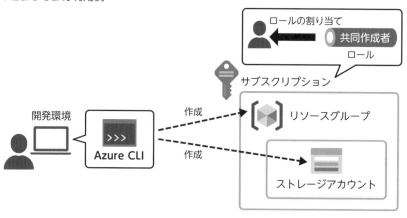

Azure CLIでのリソースグループの操作

ここでは、Azure CLIでのリソースグループの操作について解説します。

リソースグループの作成を行うには、「az group create」コマンドを使用します。

```
az group create -n [ リソースグループ名 ] -l [ リージョン名 ]
```

「az group create」コマンドのプション

オプション	概要
-n	リソースグループ名を指定 (たとえば「rg-proj00」)
-l	リージョン名を指定 (たとえば東日本リージョンであれば「japaneast」)

リソースグループを削除すると、リソースグループに含まれるリソースもまとめて削除されます。**「az group delete」コマンドでリソースグループを削除します。**

```
az group delete -n [ リソースグループ名 ] --no-wait -y
```

「az group delete」コマンドのオプション

オプション	概要
-n	リソースグループ名を指定
--no-wait	指定すると削除の完了を待たず、コマンドがすぐに終了する (リソースグループの削除はAzure側で進行する)
-y	確認なしでリソースグループを削除する

本書のこのあとの演習では、リソースグループの作成・削除と、Bicepによるリソースのデプロイ (作成) に、Azure CLIを使用します。リソースのデプロイについては後述します。

なお、ユーザーがリソースグループの作成・削除などの操作を行うためには、そのユーザーに適切なロールを割り当てておく必要があります。ロールについて詳しくは後述します。

azコマンドについて、詳しくは、次のようなヘルプを表示するコマンドを実行して、表示されるヘルプを参照してください。

5

Azureアプリ開発の概要を知る

```
# az コマンドのヘルプを表示
az --help
# az group コマンドのヘルプを表示
az group --help
# ストレージアカウント操作コマンドのヘルプを表示
az storage account --help
# ストレージアカウントの Blob 操作コマンドのヘルプを表示
az storage blob --help
# ロールの操作コマンドのヘルプを表示
az role --help
```

また、公式のAzure CLI公式のドキュメントを確認してください。

・Azure CLI

https://learn.microsoft.com/ja-jp/cli/azure/what-is-azure-cli

Bicepの使用方法

　Bicepを使用してリソースを定義し、まとめてデプロイできます。また、ロールの割り当て（後述）もまとめて行うことができます。**Bicepは、多数のリソースやロールの割り当てをまとめて記述し、一括でデプロイするのに向いています**。複雑なリソースの組み合わせを正確に記述したり、リソース名を自動生成したりできます。

　Bicepでは、**まず「Bicepファイル」を記述して、リソースやロールの割り当てを定義します。** Bicepファイルの記述には、VS Codeなどのテキストエディタを使用します。

Bicepの利用例

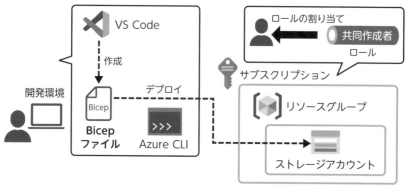

Bicepファイルの例

Bicepファイルの例を示します。ここではストレージアカウントを定義しています。

ストレージアカウントを定義するBicepファイル

```
// リージョン
param location string = resourceGroup().location

// ストレージアカウント名
// デプロイ先の（すでに作成済みの）リソースグループと
// 同じリージョンをデフォルト値とする
param stName string = 'st${uniqueString(resourceGroup().id)}'

// ストレージアカウント
// st で始まる接頭辞と、リソースグループの ID から計算される
// 一意な識別子の組み合わせをデフォルト値とする
resource st 'Microsoft.Storage/storageAccounts@2021-04-01' = {
  name: stName
  location: location
  kind: 'StorageV2'
  sku: { name: 'Standard_LRS' }
}
```

paramで始まる部分は、パラメータの定義です。 ここでlocationとstNameという2つのパラメータを定義しています。

resourceで始まる部分は、リソースの定義です。 ここでは、ストレージアカウント（種類：汎用v2、SKU：Standard、レプリケーションオプション：ローカル冗長）を定義しています。

慣例として、Bicepファイルは「**main.bicep**」というファイル名で保存しますが、別のファイル名にすることもできます。

Bicepを使用したリソースのデプロイ

Bicepを使用して、リソースをリソースグループにデプロイ（作成）します。デプロイ先のリソースグループは、Azure CLIであらかじめ作成しておきます。デプロイには、Azure CLIの「**az deployment group create**」**コマンド**を使用します。

```
az deployment group create
  -n [ デプロイ名 ] \
  -f [Bicep ファイル名 ] \
  -g [ リソースグループ名 ] \
  -p [ パラメータ名 ]=[ パラメータ値 ]
```

「az deployment group create」コマンドのオプション

オプション	概要
-n	デプロイ名を指定 (各デプロイを識別するための任意の名前)
-f	Bicep ファイルを指定
-g	デプロイ先のリソースグループを指定
-p	パラメータの値を指定 (または、デフォルトのパラメータの値を上書き)

　Bicepについて詳しくは以下のドキュメントを参照してください。

• Bicepとは

https://learn.microsoft.com/ja-jp/azure/azure-resource-manager/
bicep/overview

　また、Bicepファイル内でのリソースの定義については、以下のリファレンスを
参照してください。

• Bicepのリファレンス

https://learn.microsoft.com/ja-jp/azure/templates/

　なお、リソースのデプロイなどの操作を行うためには、そのユーザーに
「Contributor (共同作成者)」などのロールを割り当てておく必要があります。詳
しくは後述 (P.150参照) します。

Section 32 Azureのエンドポイントを理解する

アプリからAzureに接続する際にはエンドポイントを使用します。ここではエンドポイントについて解説します。

● エンドポイントとは

エンドポイントは、Azureのサービスやリソースにリクエスト（要求）を送信するためのアドレスです。Azureには、2種類のエンドポイントがあります。

エンドポイントの種類

種類	概要
コントロールプレーンのエンドポイント	https://management.azure.com。Azure Resource Manager（Azureのリソースの管理を行う内部的なレイヤー）へ要求を送信して、リソースの管理操作（作成など）を行うために使用される
データプレーンのエンドポイント	リソースのデータレベルの操作（Blobの読み書き、Cosmos DBの項目の読み書きなど）を行うために使用される。リソースにより異なる

● コントロールプレーンのエンドポイント

まずは、コントロールプレーンのエンドポイントについて解説しましょう。

たとえば、Azure CLIの「az group create」コマンドによるリソースグループの作成、「az deployment group create」コマンドによるAzureリソースのデプロイ（作成）などのリクエストは、コントロールプレーンのエンドポイントへ送信され、**Azure Resource Manager**によって処理されます。その結果、リソースグループやリソースの作成が行われます。

コントロールプレーンのエンドポイント

Azure Resource Manager
https://management.azure.com

5

データプレーンのエンドポイント

アプリやシステムからAzureの各リソースにアクセスするには、以下の図のような**データプレーンのエンドポイント**を使用します。実際のエンドポイントのアドレスは、リソースを作成した時点で決まります。

データプレーンのエンドポイントの利用例

 ストレージアカウント
(Blob Service)
https://a1b2c3.blob.
core.windows.net/

 Cosmos DB
https://a1b2c3.
documents.azure.com:443/

App
Configuration
https://a1b2c3.
azconfig.io/

アプリのC#のコードでは、Azureにアクセスする「クライアント」を作成する際に、**コンストラクターで、エンドポイントの文字列を渡します。**以下はBlobにアクセスする場合の例です。第4章で解説した.NETの「構成」を使用しています。

Blobにアクセスする場合のC#コード例

```
// config は IConfiguration
var endpoint = config["blob:endpoint"];
var endpoint = new Uri(endpoint);              第1引数でエンドポイントの
                                               文字列を渡している
var credential = new DefaultAzureCredential();
var client = new BlobServiceClient(endpoint, credential);
```

 ## アプリにおけるエンドポイントの指定

エンドポイントの情報は、環境変数や、アプリの設定ファイル（appsettings.json）などに記録し、.NETの構成を使用して読み取るようにするとよいでしょう。また、Azure App Configurationで設定値を一元管理するという方法もあります。Azure App Configurationについては、第10章で解説します。

ここではAzureの2種類のエンドポイントについて解説しました。**リソースを作成したあと、そのリソースにコードから接続するところで、コントロールプレーンの（各リソースの）エンドポイントが必要**なことを覚えておいてください。

Section 33 Azureの認証を理解する

　ユーザーやアプリがAzureにアクセスするには、認証が必要です。ユーザーは
ユーザーIDを使用してAzure Active Directory（アクティブディレクトリ。以降、
Azure AD）にサインインします。同様に、アプリは「サービスプリンシパル」や
「マネージドID」を使用して、Azure ADにサインインします。ここではこれらに
ついて解説していきましょう。

 ## 認証とは？

　ユーザーがAzureにアクセスする際は、認証、つまり本人確認が必要です。 サ
インインを行うことによって、どのユーザー（ID）がAzureにアクセスしているの
かが明確になります。

　たとえば、ユーザーがAzure portal（https://portal.azure.com/）にアクセス
すると、Azure ADのサインインの画面が表示されます。ユーザーはここで、自分
のユーザーID・パスワードを入力して、サインインを行います。これが、Azureに
おける認証です。

　同様に、ユーザーがAzure CLIを使用する場合、始めに「az login」コマンドを
実行します。すると、Webブラウザで、Azure ADのサインイン画面が開かれ、ユー
ザーはサインインを行います。

 ## Azure ADによる認証

　Azure ADは、Azureへのアクセスなどに使用される認証基盤です。ユー
ザーなどのIDを管理し、サインイン機能を提供します（なお、Azure ADは今後、
Entra IDという名前に変わる予定です）。

　Azure ADが管理するIDとして、**ユーザー、グループ、サービスプリンシパル、
マネージドID**があります。

　**グループは、ユーザーなどのIDをまとめるしくみで、グループに対してロール
やアプリの割り当てが可能です。** またグループは、認証には使用されません。本書
では、残る3つのID（ユーザー、サービスプリンシパル、マネージドID）の認証に
ついて説明します。

Azure ADが管理するID

ユーザーの認証

ユーザーが、Azureのリソースにアクセスする際は、認証が必要です。ユーザーは、自分のユーザー名とパスワードを使用して、Azure ADにサインインします。

ユーザーの認証

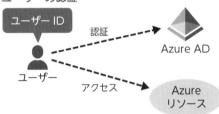

サービスプリンシパルによる認証

開発環境やオンプレミスサーバーなど、Azure外で実行されるアプリが、Azureのリソースにアクセスする際も、認証が必要です。アプリは、「**サービスプリンシパル**」と呼ばれるIDを使用して、Azure ADで認証を行います。

サービスプリンシパルによる認証

サービスプリンシパル

開発環境／オンプレミス
サーバーなど

アプリ

認証

Azure AD

アクセス

Azure
リソース

マネージドIDによる認証

Azure内（App ServiceなどのAzureのコンピューティングサービス上）で実行されるアプリが、Azureのリソースにアクセスする際も、認証が必要です。アプリは、「**マネージドID**」と呼ばれるIDを使用して、Azure ADで認証を行います。

マネージドIDによる認証

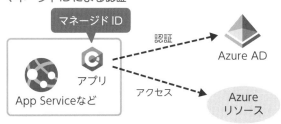

実は、マネージドIDはサービスプリンシパルの一種なのですが、サービスプリンシパルのアプリのID・シークレット（証明書）・テナントIDといった情報をAzure利用者が取り扱う必要がなく、サービスプリンシパルよりも楽に運用できます。

マネージドIDは、Azureリソースで有効化することで作り出す（リソースに固有の）「**システム割り当てマネージドID**」と、リソースの一種として事前に作成しておき、別のAzureリソースに割り当てができる「**ユーザー割り当てマネージドID**」の2種類があります。本書ではこのあとのAzure App ServiceとAzure Functionsの演習で「システム割り当てマネージドID」、Azure Container Instanceの演習で「ユーザー割り当てマネージドID」を使用しています。

 ## まとめ

ここでは、3パターンの認証について説明しました。**ユーザーがAzureにアクセスする際に認証が必要なのと同様に、アプリがAzureにアクセスする際にも認証が必要である**、というところがポイントです。

Azureへのアクセスにおける3パターンの認証

Azureにアクセスする人またはアプリ	認証に使用するID
ユーザー	ユーザーID（+パスワード）
Azure環境外（開発環境など）のアプリ	サービスプリンシパル
Azure環境内（App Serviceなど）のアプリ	マネージドID

5

Azureアプリ開発の概要を知る

Azure AD認証を
行うためのライブラリ

アプリがAzureにアクセスするには、サービスプリンシパルやマネージドIDを使用したAzure AD認証が必要だということを説明しました。ここでは、実際にアプリでAzure AD認証を行うためのライブラリについて解説します。

 ## Azure Identityクライアントライブラリとは

Azure Identity クライアントライブラリは、アプリでAzure AD認証を行うためのライブラリです。サービスプリンシパルやマネージドIDを使用したAzure AD認証を行えます。

• Azure.Identity (Azure Identity client library for .NET) のドキュメント
https://github.com/Azure/azure-sdk-for-net/tree/main/sdk/identity/Azure.Identity

C#のプロジェクトに「Azure Identity クライアント ライブラリ」(Azure.Identityパッケージ) を追加するには、以下のコマンドを実行します。

```
dotnet add package Azure.Identity
```

 ## Azure.Identityパッケージの利用

Azure.Identityパッケージを利用するコード例は以下のようになります。なお「Credential」(クレデンシャル) は「認証情報」という意味です。

Azure.Identityパッケージを利用するC#コード例

```
using Azure.Identity;
// デフォルトの Azure 認証情報を使用
var credential = new DefaultAzureCredential();
```

取得したcredentialは、Azureリソースへのアクセスを行う「クライアント」へと渡します。

DefaultAzureCredentialの動作

コードにあったDefaultAzureCredentialは、名前の通り、「デフォルトのAzure認証情報」を表します。**アプリが実行されている環境で、以下の順番で認証情報の取得を試み、最初に見つかった認証情報を使用します。**なお、以下のリストでは一部を省略していますが、完全なリストはDefaultAzureCredentialのドキュメントで確認できます。

①サービスプリンシパル（環境変数）
②マネージドID
③Visual Studio、VS Code
④Azure CLI、Azure PowerShell
⑤インタラクティブ（Webブラウザを使用したサインイン）

本書の第3章では、サービスプリンシパルを作成し、ローカル開発環境の環境変数「AZURE_CLIENT_ID」「AZURE_CLIENT_CERTIFICATE_PATH」「AZURE_TENANT_ID」の3つに、その情報を設定しています。従って、アプリをローカル開発環境で実行した場合、DefaultAzureCredentialは、これらの環境変数を使用して、サービスプリンシパルによる認証を行います。これは上記の①に対応します。

Azureの、マネージドIDを有効化したリソース（Azure App Service、Azure Functionsなど）上でアプリを実行した場合、DefaultAzureCredentialは、そのマネージドIDによる認証を行います。これは上記の②に対応します。

このように、DefaultAzureCredentialを使用してコードを書いておけば、開発環境ではサービスプリンシパルによる認証、AzureではマネージドIDによる認証が行われるので、**環境によって認証のコードを書き分ける必要がありません。**また、アプリのコードや設定ファイルの中に認証情報を埋め込む必要がありません。

なお本書では、③④⑤の利用は想定していません。アプリがどの認証情報を利用しているのかがわかりにくくなり、また、多くの方法で順番に認証情報の取得を試みると認証に余分な時間がかかるためです。

5

Azureアプリ開発の概要を知る

Section
35

Azureのロールの種類を理解する

認証されたユーザーやアプリが、Azureのサービスにアクセスするには、承認（アクセスの許可）が必要です。ここでは承認を行うしくみについて解説します。

ロールとは

ロールは、ユーザーやアプリなどに、Azureリソースの作成などの操作の許可や、作成されたリソースへのアクセスの許可を与えるしくみです。

たとえば、ユーザーがあるストレージアカウント「st1」のBlob（ブロブ）の操作を行う（データのアップロードやダウンロードを行う）場合は、そのユーザーに「ストレージBlobデータ共同作成者」ロールを割り当てます。

ロールの割り当て例

この割り当てにより、ユーザーは、そのストレージアカウント「st1」で、Blobの操作が許可されます。

Azureのロールの種類

Azureにはさまざまなロールがあらかじめ定義されています（**組み込みロール**）。Azure portal上では、Azureの組み込みロールは「**特権管理者ロール**」と「**職務ロール**」の2種類に分類されています。

Azureの組み込みロールの例

特権管理者ロール
Privileged
administrator roles

所有者
Owner

共同作成者
Contributor

ユーザーアクセス管理者
User Access
Administrator

職務ロール
Job function roles

閲覧者
Reader

ストレージBlobデータ共同作成者
Storage Blob Data Contributor

ストレージBlobデータ閲覧者
Storage Blob Data Reader

キーコンテナーシークレット責任者
Key Vault Secrets Officer

キーコンテナーシークレットユーザー
Key Vault Secrets User

特権管理者ロールは、ユーザーなどに対し、リソースそのものの作成・削除などの操作や、ロールの割り当て操作などの許可を与えるものです。たとえば、あるユーザーに「共同作成者」ロールを割り当てると、そのユーザーは、Azureリソースの作成・削除などが行えます。

職務ロールは、ユーザーなどに対し、特定種類のリソースの操作を許可したり、リソースでの特定操作の許可を与えたりするものです。たとえば、あるストレージアカウントで、あるユーザーに「ストレージBlobデータ共同作成者」ロールを割り当てると、そのユーザーは、そのストレージアカウントで、Blobのアップロード、ダウンロードなどが行えます。また、「ストレージBlobデータ閲覧者」ロールを割り当てた場合は、Blobのアップロードはできませんが、ダウンロードが行えます。

セキュリティの観点からは、**ユーザーなどに、必要最小限のロールを割り当てることや、不要になったロールの割り当ては適宜削除することが推奨されます。**

5

Azureアプリ開発の概要を知る

必要なロールの調べ方

　Azureには多数のサービス（リソース）があり、また多数の組み込みロールがあります。割り当てるべきロールをどのようにして探せばよいのでしょうか？

　まず、Azureの各サービスのドキュメントを確認しましょう。たとえば、ストレージアカウント（Blob）のロールについては、以下のドキュメントで説明されています。

・ストレージアカウント（Blob Storage）のロール

https://learn.microsoft.com/ja-jp/azure/storage/blobs/assign-azure-role-data-access

　また、以下のドキュメントで、すべての組み込みロールを確認できます。この中からページ内検索で、サービス名などで検索すると、ロールを探せます。

・Azureの組み込みロール

https://learn.microsoft.com/ja-jp/azure/role-based-access-control/built-in-roles

　本書のこのあとの各章でも、各サービスの主なロールを説明していますので、参考にしてください。

Azureのロールの
割り当てを理解する

Azureでは、**ロールはユーザー、グループ、サービスプリンシパル、マネージ
ドIDへ割り当てできます。**ここでは、この4つのロール割り当ての詳細について
解説します。

 ## ユーザーへのロールの割り当て

前述したように、ロールは、ユーザーに割り当てることができます。

ユーザーへの割り当て例

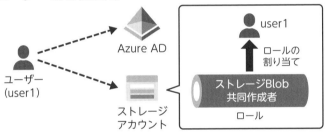

ユーザーがストレージアカウントのBlobの操作を行う場合は、事前に、そのス
トレージアカウントで、ユーザーに「ストレージBlobデータ共同作成者」ロールを
割り当てておきます。

ユーザーがAzure ADでサインインを行うと、そのストレージアカウントで、
Blobの操作を実行できます。

 ## グループへのロールの割り当て

ロールは、グループに割り当てることもできます。

グループへの割り当て例

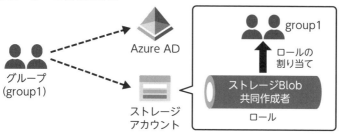

たとえば、複数の開発者ユーザーがストレージアカウントのBlobの操作を行う
場合は、事前に、まずグループを作り、複数の開発者ユーザーをグループに入れて
おきます。また、そのストレージアカウントで、グループに「ストレージBlobデー
タ共同作成者」ロールを割り当てます。

グループ内のユーザーがAzure ADでサインインを行うと、そのストレージア
カウントで、Blobの操作を実行できます。

● サービスプリンシパルへのロールの割り当て

ロールは、サービスプリンシパルに割り当てることもできます。

サービスプリンシパルへの割り当て例

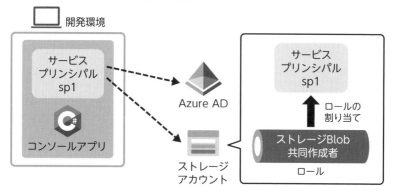

たとえば、開発環境で実行されるコンソールアプリが、ストレージアカウントの
Blobの操作を行う場合は、事前に、そのストレージアカウントで、サービスプリン
シパルに対して「ストレージBlobデータ共同作成者」ロールを割り当てておきます。

アプリが、認証クライアントライブラリを使用して、サービスプリンシパルによるAzure AD認証を行うと、そのストレージアカウントで、Blobの操作を実行できます。

マネージドIDへのロールの割り当て

ロールは、マネージドIDに割り当てることもできます。

マネージドIDへの割り当て例

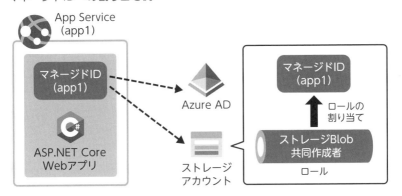

たとえば、Azureの環境で実行されるWebアプリが、ストレージアカウントのBlobの操作を行う場合は、事前に、そのストレージアカウントで、マネージドIDに対して「ストレージBlobデータ共同作成者」ロールを割り当てておきます。

アプリが、認証クライアントライブラリを使用して、マネージドIDを使用したAzure AD認証を行うと、そのストレージアカウントで、Blobの操作を実行できます。

まとめ

ロールの割り当ては、ユーザー、グループ、サービスプリンシパル、マネージドIDに対して行うことができます。これらはすべて、Azure ADで管理されているIDです。

ローカルの開発環境におけるアプリ実行の際には、サービスプリンシパルが使用されます。Azure上でのアプリ実行の際には、マネージドIDが使用されます。

5

Azureアプリ開発の概要を知る

Azureのアプリ開発に おけるポイント

　本章では、Azureにアクセスするアプリを開発する際に必要となる重要な知識を解説しました。ここでまとめておきましょう。

- Azureにアクセスするアプリの開発では、Azure SDKを使用します。Azure SDKにはクライアントライブラリとマネジメントライブラリが含まれています。サービス内のデータのアクセスや機能の呼び出しには、クライアントライブラリを使用します。Azureリソースそのものの作成・削除などを行うには、マネジメントライブラリを使用します。
- Azureリソースの定義とデプロイ（作成）の方法はいくつかありますが、本書ではBicepを使用します。Bicepファイルには、1つまたは複数のリソースをまとめて定義できます。
- リソースグループの作成や、Bicepファイルによるデプロイを行うには、Azure CLIのコマンドを使用します。「az group create」コマンドでリソースグループを作成し、「az deployment group create」コマンドでデプロイを行います。
- Azureリソースを作成すると、それにアクセスするためのエンドポイントが決まります。アプリ内では、クライアントライブラリのオブジェクト（インスタンス）を作成する際に、エンドポイントと、認証情報を指定します。
- アプリがAzureにアクセスするには、認証と承認が必要です。
- アプリの認証には、サービスプリンシパルやマネージドIDを使用します。Azure外の開発環境などで動作するアプリではサービスプリンシパルを使用し、Azure内で動作するアプリではマネージドIDを使用します。
- アプリの承認には、ロールの割り当てを使用します。サービスプリンシパルやマネージドIDに対し、あらかじめ適切なロールを割り当てます。

　次の章から、いよいよ、Azureのさまざまなサービスのプログラミング方法を解説していきます。

Chapter

6

Azure上の
データへのアクセス

本章では、Azure上のデータへアクセスする方法を解説します。オブジェクトストレージの「Azure Blob Storage」、NoSQLデータベースの「Azure Cosmos DB」について解説し、これらのサービスとデータを読み書きするアプリを開発します。

Section

38 Azure Blob Storageとは

　本章では、アプリからのAzure利用パターン (P.14参照) のうち、「アプリの
データをAzure上に記録する」について解説します。まずは、データをAzure
Blob Storage (ブロブ ストレージ) に保存するケースについて見ていきましょう。

Azure Blob Storageとは

　Azure Blob Storage (以降、Blob Storage) は、オブジェクトストレージ
のサービスです。さまざまなデータを「オブジェクト」としてAzureに記録できま
す (なお、ここでのオブジェクトとは、C#などのプログラミング言語で扱う、オ
ブジェクト指向の「オブジェクト」とは関係がありません)。Blob Storageでは、
オブジェクトのことを**「Blob」(ブロブ。Binary Large Object)** と呼びます。

　Blobの中身はどのようなものでもかまいません。たとえばテキストファイル、
CSVファイル、画像、動画、PDFなどをBlobとしてアップロードし、保存でき
ます。アプリが生成するログデータ、IoTデバイスから発生するデータ、ディスク
のイメージなども、Blobとして保存できます。

Azureリソースの構造

　Blob Storageを使うにはまず、Azureのリソースとして「**ストレージアカウン
ト**」を作成します。そしてストレージアカウント内に、Blobを格納する場所であ
る「**Blobコンテナー**」(本章では以降、「コンテナー」と表記) を作ります。アプリ
からは、Blobの作成 (アップロード)、取得 (ダウンロード)、削除、一覧の取得な
どを行います。

Blob Serviceの利用例

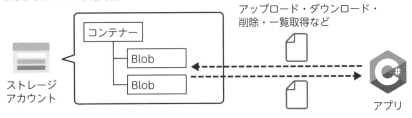

Blobの名前

　Blobのアップロードを行う際は、そのBlobの「名前」を指定します。それぞれのBlobは名前で識別されます。また、名前を構成する文字列には「/」も使用できます。

Blobの名前の例

　Azure portalのようなBlob Storageにアクセスするためのツールでは、ファイルのアップロード時に上記のdogsのような「フォルダー」を指定したり（作成されるBlobの名前に反映されます）、名前の「/」で区切られたdogsのような部分をフォルダーとして表示したりする場合があります。

Blob Storageの料金

　Blob Storage（ストレージアカウント）では、ストレージ料金（保存したGBあたり）、操作回数（書き込みや読み込みの操作、10000回あたり）の料金、データ取得量（取得したGBあたり）に対する料金などが発生します。
　このあとの演習では、小さなデータを何度かアップロード・ダウンロードする程度なので、ごくわずかな料金しか発生しないでしょう。

6

Azure上のデータへのアクセス

Azure SDKの利用

　Blob Storageにアクセスするアプリでは、**Blob Storageのクライアントライブラリ（Azure.Storage.Blobsパッケージ）** を使用します。このライブラリに含まれる主なクライアント（クラス）と、リソースの対応関係は、以下の通りです。

リソースとクライアントの対応関係

 ## ストレージアカウントを表す「BlobServiceClient」

　BlobServiceClient のメソッドでは、作成済みのストレージアカウントに対する操作（情報の取得や、コンテナーの操作など）を行えます。

　なお、第5章の「Azure SDKについて理解する」で解説したように、クライアントライブラリではストレージアカウントそのものの作成・削除などはできません。ストレージアカウントそのものの作成・削除などを行うには、マネジメントライブラリを使用します。

BlobServiceClientの主なメソッド

メソッド	概要
GetBlobContainers()	ストレージアカウント内のすべてのコンテナーの情報を取得
GetBlobContainerClient （コンテナー名）	指定したコンテナーのBlobContainerClientを取得

コンテナーを表す「BlobContainerClient」

　ストレージアカウント内のコンテナーは**BlobContainerClient**で表されます。このクライアントには、コンテナーに対する操作を行うためのメソッドが用意されています。

BlobContainerClientの主なメソッド

メソッド	概要
Create()	コンテナーを作成
Delete()	コンテナーを削除
GetBlobs()	コンテナー内のすべてのBlobの情報を取得
GetBlobClient(Blobのパス)	指定したBlobのBlobClientを取得

 Blobを表す「BlobClient」

コンテナー内の個々のBlobは**BlobClient**で表されます。このクライアントには、Blobに対する操作を行うためのメソッドが用意されています。

BlobClientの主なメソッド

メソッド	概要
Upload(パス)	パスで指定されたローカルのファイルをBlobとしてアップロード
DownloadTo(パス)	Blobをローカルの指定パスにダウンロード
Delete()	Blobを削除

ひとまず、「BlobServiceClientからBlobContainerClientを取得できる」「BlobContainerClientからBlobClientを取得できる」「BlobClientのメソッドでBlobをアップロード・ダウンロード・削除できる」といった程度に理解しておきましょう。

6

Azure上のデータへのアクセス

Blob Storage演習:Blob アップロード・ダウンロード

　ここから、Blobを操作する簡単なコンソールアプリを開発してみましょう。このアプリは、以下のような使い方をすることを想定しています。アクセス先のストレージアカウントやBlobコンテナーは設定ファイルで指定します。

```
# ローカルのファイル（test.txt）をBlobコンテナーにアップロード
dotnet upload --path test.txt
# Blobコンテナーの Blob（test.txt）をローカルにダウンロード
dotnet download --path test.txt
# Blobコンテナー内の Blob を一覧表示
dotnet list
# Blobコンテナー内の Blob（test.txt）を削除
dotnet delete --path test.txt
```

 演習の準備：サンプルコードを開く

　VS Codeで、サンプルコードの**「proj12-blob」フォルダー**を開きましょう。フォルダーの開き方とスクリプトの実行方法は、P.83を参照してください。

　また、**ソース全体やコマンドの完全な例は、このフォルダー内のファイルで確認してください。**以下では、ソースやコマンドで特に重要な部分を抜粋して説明していきます。

 Step 1：プロジェクトの作成・ファイルの準備

　「dotnet new worker」コマンドで、プロジェクトを作成します。

```
dotnet new worker --force
rm {Program,Worker}.cs; touch {Program,Commands}.cs
```

 Step 2：パッケージの追加

　プロジェクトに、必要なパッケージを追加します。

```
# ConsoleAppFramework
dotnet add package ConsoleAppFramework --version 4.2.4
# Azure Active Directory 認証クライアント
dotnet add package Azure.Identity --version 1.8.1
# Blob クライアント
dotnet add package Azure.Storage.Blobs --version 12.14.1
```

Step 3：Program.csのコーディング

アプリの起動部分を記述します。

Program.cs

```
using Azure.Storage.Blobs;
using Azure.Identity;

ConsoleApp.CreateBuilder(args)
.ConfigureServices((context, services) =>
{
    var endpoint = context.Configuration["blob:endpoint"] ?? "";————①
    var uri = new Uri(endpoint);————②
    var credential = new DefaultAzureCredential();————③
    var client = new BlobContainerClient(uri, credential);————④
    services.AddSingleton(client);————⑤
})
.Build().AddCommands<Commands>().Run();
```

①設定ファイルから、Blob Serviceに接続するためのエンドポイントを取得します。

②エンドポイントの文字列からURI (Uniform Resource Identifier) を生成します。

③認証クライアントライブラリのオブジェクトを作成します (P.149参照)。認証にはサービスプリンシパル (P.64参照) が使用されます。

④**Blobコンテナーにアクセスするためのクライアントを生成します。**

⑤クライアントをDIコンテナーに登録します。

Step 4：Commands.csのコーディング

　Blobの操作を実装するコマンドのクラスを記述します。コンストラクターでは、DIコンテナーから、Blobコンテナーにアクセスするためのクライアントを受け取り、フィールドにセットしています。

Commands.cs

```
using Azure.Storage.Blobs;
class Commands : ConsoleAppBase
{
    // Blob コンテナーのクライアント
    private readonly BlobContainerClient _client;
    // コンストラクター
    public Commands(BlobContainerClient client) => _client = client;

    // ここにメソッドを追加
}
```

　以降、このクラス内にメソッドを追加します。
　Blob操作用のBlobClientを取得する補助メソッドを追加します。このメソッドは他のメソッドから内部的に呼び出されます。

```
private BlobClient Blob(string path) => _client.GetBlobClient(path);
```

　Blobのアップロードを行うメソッドを追加します。補助メソッドを使用して、引数pathに対応するBlobClientを取得し、続いてUploadメソッドを呼び出します。第1引数はローカルのファイルのパス、第2引数は、Blobがすでに存在する場合に上書きするかどうかの指定です。

```
public void Upload(string path) => Blob(path).Upload(path, true);
```

　Blobのダウンロードを行うメソッドを追加します。補助メソッドを使用してBlobClientを取得し、そのDownloadToメソッドを呼び出します。引数はローカルのファイルのパスです。

```
public void Download(string path) => Blob(path).DownloadTo(path);
```

　Blobの削除を行うメソッドを追加します。BlobClientのDeleteを呼び出して、そのBlobClientが指し示すBlobを削除します。

```
public void Delete(string path) => Blob(path).Delete();
```

　Blobの一覧表示を行うメソッドを追加します。BlobContainerClientの
GetBlobsメソッドを使用してBlob一覧の情報を取得します。戻り値（Pageable
型）をリストに変換し、ForEachメソッドで、リスト内の各Blob（BlobItem型）
の名前を表示しています。

```
public void List() =>
    _client.GetBlobs().ToList()
        .ForEach(blob => Console.WriteLine(blob.Name));
```

　コーディングは以上です。続いて、Azureリソースを作成していきます。

 ## Step 5：リソースグループの作成

　本演習用のリソースグループを作成します。

```
az group create -n [ リソースグループ名 ] -l [ リージョン名 ]
```

 ## Step 6：Azureリソースの作成

　Bicepファイルにリソースを定義します。以下は、Bicepファイルの、ストレー
ジアカウントを定義している箇所の抜粋です。

main.bicep

```
resource account 'Microsoft.Storage/storageAccounts@2021-04-01' = {
  name: storageAccountName      // ストレージアカウント名
  location: location            // リージョン
  kind: 'StorageV2'             // ストレージアカウントの種類
  sku: { name: 'Standard_LRS' } // ストレージアカウントの SKU
}
```

　ストレージアカウントの種類はいくつかありますが、本演習では「汎用v2」
（StorageV2）を使用しています。これは、Azure portalなどのツールでストレー
ジアカウントを作成する際のデフォルト値であり、ストレージアカウントの標準的
な種類です。

　ストレージアカウントのSKUは「LRS」「ZRS」「GRS」など6種類から選べます。

本演習では最も低コストな「LRS」（Standard_LRS）を使用します。LRSでは選択したリージョン内の物理的な場所（データセンター）内でデータが3箇所にレプリケーションされ、少なくとも99.999999999%（イレブンナイン）の耐久性が提供されます。

「az deployment group create」コマンドを使用して、リソースグループにAzureリソースをデプロイします。

```
az deployment group create \
-n [ デプロイ名 ] -g [ リソースグループ名 ] -f [Bicep ファイル名 ]
```

 ## Step 7：設定ファイル「appsettings.json」の作成

ストレージアカウントの「test」コンテナーへの接続に必要な値（接続文字列）を設定ファイルに記述します。設定ファイルは.NETの構成ソースの一部となります。

appsettings.json

```
{
  "blob": {
    "endpoint":
      "https://[ ストレージアカウント名 ].blob.core.windows.net/test"
  }
}
```

 ## Step 8：Blobにアクセスできるようになるまで待つ

リソースのデプロイ後、ロールの割り当てが反映されるまで数分ほど時間がかかる場合があります。本書配布のサンプルコードを連続的に自動で実行するスクリプトでは、第3章でセットアップした補助ツールを使用して、アクセスができるようになるまでここで待機しています。

 ## Step 9：動作確認① Blobのアップロード

それでは、プログラムの動作を確認します。
適当なファイルを作り、アップロードします。本演習用のスクリプトでは「test.txt」をBlob Storageへアップロードしています。

```
echo hello > test.txt
dotnet run upload --path test.txt
```

　「list」コマンドで、アップロードされたBlob一覧を表示します。実行結果では「test.txt」が表示されます。

```
dotnet run list
```

　ここでスクリプトではなく、Azure portalから手動で確認してみましょう。以下の画面のように、Blob StorageのコンテナーにBlobがアップロードされていることがわかります。

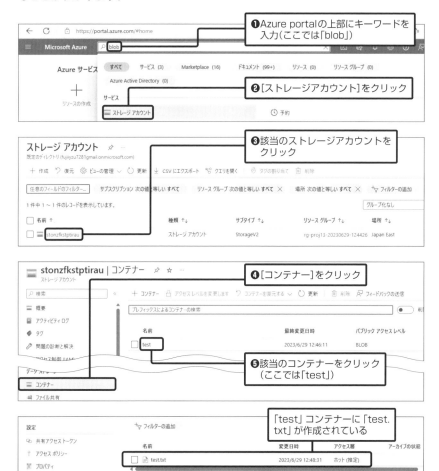

❶Azure portalの上部にキーワードを入力(ここでは「blob」)

❷[ストレージアカウント]をクリック

❸該当のストレージアカウントをクリック

❹[コンテナー]をクリック

❺該当のコンテナーをクリック（ここでは「test」）

「test」コンテナーに「test.txt」が作成されている

6

Azure上のデータへのアクセス

167

Step 10：動作確認② Blobのダウンロード

　次に、Blobのダウンロード機能を試します。一度ローカルのファイルを削除してから、「download」コマンドで、Blobをダウンロードします。すると、ローカルにtest.txtが作成されます。実行結果では、ダウンロードによって作成されたファイル名「test.txt」が表示されます。

```
rm test.txt
dotnet run download --path test.txt
ls *.txt
```

実行結果

```
test.txt
```

 Step 11：動作確認③ Blobの削除

　最後に、Blobを削除し、「list」コマンドで確認します。Blobを削除したため、最後のコマンドでは何も表示されなくなります。

```
dotnet run delete --path test.txt
dotnet run list
```

 Step 12：リソースグループの削除

　以上で、演習は終了です。本演習用のリソースグループを削除します。そこに含まれるリソースがまとめて削除されます。

```
az group delete -n [ リソースグループ名 ] -y
```

 まとめ

　本節では、Blobの利用例として、簡単な、Blobのアップロード・ダウンロードができるコンソールアプリを作成しました。Blobクライアントの基本的なメソッドは、UploadやDownloadToなど、使い方が想像しやすい名前となっています。
　なお、第8章の演習では、Webブラウザから画像をBlobとしてアップロードするWebアプリを開発します。

Section 40 Azure Cosmos DBとは

　本節では、Azure Cosmos DB（コスモス ディービー）について解説します。Cosmos DBは、グローバルなレプリケーション、柔軟で高速なスケーリングなど、数多くの優れた特徴を持っていますが、本書では、C#コードからのデータの読み書きに必要な知識へ焦点を当てて説明します。

 Cosmos DBとは

　Azure Cosmos DB（以降、Cosmos DB）は、フルマネージドのNoSQLデータベースです。ドキュメント（JSON形式のデータ。「項目」とも呼ぶ）を高速に読み書きできます。たとえば、アプリのユーザーのデータ（プロフィール、投稿、「いいね」、フォロワーなど）、メタデータ（画像や動画の投稿者、長さ、ジャンル、タグ、コメントなど）、IoTデバイスから収集したデータなどを記録するのに使用されます。

 Cosmos DBのAPI

　Cosmos DBでは「NoSQL」「Cassandra」「MongoDB」「Gremlin」「Table」「PostgreSQL」の6種類のAPIを使用できます（以前は「NoSQL」は「コア（SQL）」と呼ばれていました）。**本書ではCosmos DBのネイティブAPIである「NoSQL」について解説します。**

　「NoSQL」では、データの作成・変更・削除などの操作には、**Cosmos DB固有の命令を使用します。**本書では使用していませんが、データのクエリ（複数件のデータの読み取り）では「SQLクエリ」（SELECT文）を使用することも可能です。

 Cosmos DBの構造

　Cosmos DBを使うにはまず、Azureのリソースとして「**Cosmos DBアカウント**」を作成します。その際に、そのアカウントで使用するAPIを選択します。そして**Cosmos DBアカウントの中に「データベース」と「コンテナー」を作成します。**なおここでの「コンテナー」は、Blob Storageの「コンテナー」とは別のものです。コンテナーは、リレーショナルデータベースでの「表」に相当します。

たとえば、アプリの運用前に、アカウント、データベース、コンテナーなどを作成しておきます。

アプリからはコンテナー内の「項目」の作成・更新・削除・検索を行うといった使い方が可能です。項目は、リレーショナルデータベースでの「行」に相当します。なお、各項目はJSON形式で記録されます。

Cosmos DBの構造

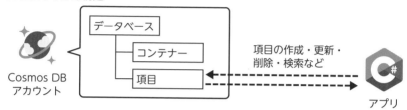

項目

項目 (item) は、アプリが読み書きする、JSON形式のデータです。以下は1件の「注文」データを表す項目の例です。

項目の例

```
{"Customer": "yamada", "id": "1", "OrderDetail": {"beer": 1, "yakitori":
2}}
```

なお、idは「**項目ID**」とも呼ばれる特別なプロパティであり、名前は小文字である必要があります。また、値は、255文字までの文字列である必要があります。

##

Cosmos DBのコンテナーを作成する際に「**パーティションキー**」のパスを指定する必要があります。次の例で説明しましょう。

「OrderData」(注文情報)コンテナーの例

OrderDataコンテナー (パーティションキーのパス: /Customer)

├── {"Customer": "yamada", "id":"1", ...}　　　山田さんの1件目の注文

├── {"Customer": "yamada", "id":"2", ...}　　　山田さんの2件目の注文

├── {"Customer": "fujii", "id":"1", ...}　　　藤井さんの1件目の注文

└── {"Customer": "fujii", "id":"2", ...}　　　藤井さんの2件目の注文

　ここではOrderData (注文情報) コンテナーのパーティションキーのパスを「/
Customer」と指定しています。

　このコンテナーの場合、パーティションキーで顧客を識別し、idでその顧客の注
文を識別します。この2つの値の組み合わせは、コンテナー内で一意である必要が
あります (たとえば、上記のコンテナーには、{"Customer": "Yamada", "id": "1",
...}という新しい項目は追加できません)。

　パーティションキーのパスの選択はコンテナーのスケーラビリティに影響しま
す。詳しく知りたい場合は拙著『全体像と用語がよくわかる！ Microsoft Azure
入門ガイド』(C&R研究所) を合わせて参照してください。

Cosmos DBの容量モード

　Cosmos DBアカウントの作成時には「**容量モード**」も選択します。

Cosmos DBの容量モード

容量モード	概要
プロビジョンドスループット	データベースやコンテナーに対して必要な性能を事前に指定
サーバーレス	性能を指定しない

　本書では、低コストで利用でき、設定も簡単な「**サーバーレスモード**」で
Cosmos DBアカウントを作成します。

Cosmos DBの認証と承認

　Azureのほかのサービスと同様、**Cosmos DBにアクセスする際は認証と
承認が必要**です。本書では認証に「Azure AD認証」、承認に「ロール」(Azure
Cosmos DB データ プレーン RBAC) を使用します。

6

Azure上のデータへのアクセス

認証については、ローカル環境でのアプリの開発時は、サービスプリンシパルを使用します。開発したアプリをAzure内のサービス（Azure App ServiceやAzure Functionsなど）にデプロイして運用する場合は、マネージドIDを使用します。これらについては第5章（P.147）で解説済みです。

承認については、Cosmos DBのロール（Azure Cosmos DB データ プレーン RBAC）を使用します。サービスプリンシパルやマネージドIDにロールを割り当てることで、アプリにアクセス許可を与えられます。

Cosmos DBには、以下の2つの「組み込みロール」があります。

Cosmos DBの組み込みロール

ロール	ID	概要
Cosmos DB 組み込みデータ リーダー （Cosmos DB Built-in Data Reader）	00000000-0000-0000-0000-000000000001	項目の読み取りのみ実行できる
Cosmos DB 組み込みデータ共同作成者 （Cosmos DB Built-in Data Contributor）	00000000-0000-0000-0000-000000000002	項目の読み書きを実行できる

本書では「Cosmos DB 組み込みデータ共同作成者」ロールを使用します。

Cosmos DBのSDK

Cosmos DBの.NET版のAzure SDKクライアントライブラリとして、Microsoft.Azure.Cosmos（バージョン3系）と、Azure.Cosmos（バージョン4系。プレビュー版）があります。本書では現在アクティブに開発されているMicrosoft.Azure.Cosmosを使用します。

このライブラリに含まれる主なクライアント（クラス）と、リソースの対応関係は、次の通りです。

リソースとクライアントの対応関係

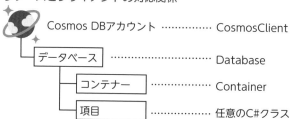

各クライアント（クラス）の主なメソッドは次の通りです。

CosmosClientの主なメソッド

メソッド	概要
GetDatabase(データベース名)	指定したデータベースのDatabaseを取得

Databaseの主なメソッド

メソッド	概要
GetContainer(コンテナー名)	指定したコンテナーのDatabaseを取得

Containerの主なメソッド

メソッド	概要
UpsertItemAsync(データ)	項目を作成または更新
ReadItemAsync(ID, パーティションキー)	項目を1件取得
GetItemLinqQueryable<データ型>()	データを検索
DeleteItemAsync(ID, パーティションキー)	データを削除

Blob Storageの場合と同様、とりあえず、「CosmosClientからDatabaseを取得できる」「DatabaseからContainerを取得できる」「Containerのメソッドで項目の操作ができる」といった程度に把握しておけば十分でしょう。詳しくは次節の演習で解説します。

Cosmos DBの料金

本書で使用するサーバーレスモードでは、使用した性能に比例した料金と、保存したデータ量（GBあたり）に比例した料金が発生します。詳しくは公式のドキュメントを確認してください。このあとの演習では、小さなデータを何度か読み書きするだけなので、ごくわずかな料金しか発生しないでしょう。

• Cosmos DBサーバーレス

https://learn.microsoft.com/ja-jp/azure/cosmos-db/serverless

6

Azure上のデータへのアクセス

Cosmos DB演習:JSONの 読み書きを行うアプリ

　それでは、Cosmos DB を操作する簡単なコンソールアプリを開発してみましょう。このアプリでは、Cosmos DBのコンテナー内の以下のような注文データを操作することを想定しています（実際には各項目はJSONで表現されます）。

注文データのイメージ

Customer	id	OrderDetail
yamada	1	{"beer":1, "yakitori":2}
yamada	2	{"kakuhai":1}
fujii	1	{"lemonsour":1,"potesara":1}
fujii	2	{"wine": 1}

　このアプリでは、以下のようなコマンドにより、Cosmos DBの「注文データ」を操作することを想定しています。

```
# ①追加
dotnet run insert --customer yamada --id 1 \
--order-detail '{"beer": 1, "yakitori": 2}'
# ②更新
dotnet run update --customer yamada --id 1 \
--order-detail '{"beer": 2, "yakitori": 4}'
# ③1件取得
dotnet run read --customer yamada --id 1
# ④全件検索
dotnet run select-all
# ⑤顧客を指定して検索
dotnet run select-by-customer --cusomer yamada
# ⑥削除
dotnet run delete --customer yamada --id 1
```

　それでは演習を始めましょう。

演習の準備：サンプルコードを開く

VS Codeで、サンプルコードの**「proj13-cosmosdb」フォルダー**を開きましょう。フォルダーの開き方とスクリプトの実行方法は、P.83を参照してください。

また、**ソース全体やコマンドの完全な例は、このフォルダー内のファイルで確認してください。**以下では、ソースやコマンドで特に重要な部分を抜粋して説明していきます。

 ## Step 1：プロジェクトの作成

「dotnet new worker」コマンドで、プロジェクトを作成します。

```
dotnet new worker --force
rm {Program,Worker}.cs; touch {Program,Commands,OrderData}.cs
```

 ## Step 2：パッケージの追加

プロジェクトに、必要なパッケージを追加します。

```
# ConsoleAppFramework
dotnet add package ConsoleAppFramework --version 4.2.4
# Azure Active Directory 認証クライアント
dotnet add package Azure.Identity --version 1.9.0
# Cosmos DB クライアント
dotnet add package Microsoft.Azure.Cosmos --version 3.34.0
```

 ## Step 3：Program.csのコーディング

アプリの起動部分を記述します。Cosmos DBにアクセスするためのCosmosClientクライアントの作成と、DIコンテナーへのコンテナーの登録を行います。これは、Blob Storageの演習（P.163参照）とほぼ同じです。

Program.cs

```
using Microsoft.Azure.Cosmos;
using Azure.Identity;
```

6
Azure上のデータへのアクセス

```
ConsoleApp.CreateBuilder(args)
.ConfigureServices((context, services) =>
{
    var endpoint = context.Configuration["cosmosdb:endpoint"];
    var credential = new DefaultAzureCredential();
    var client = new CosmosClient(endpoint, credential);
    services.AddSingleton(client);
})
.Build().AddCommands<Commands>().Run();
```

 ## Step 4：OrderData.csのコーディング

　1件の注文データを表すOrderDataレコードを定義します。なお、C#の規約により、通常プロパティは大文字で始まります。小文字で始まるプロパティを使用すると、開発ツールが警告を出します。しかしここでは、Cosmos DB側では、idプロパティは小文字で始まっていなければならないため、対応するプロパティ名を小文字で始めています。

　そして、**#pragma（プラグマ、指令）** を使用して、開発ツールの警告を抑制しています。この抑制は、この場合、記述した位置からファイルの末尾まで有効となります。

　また、ここではC# 9で導入された「**レコード型**」を使用しています。レコード型では、コンストラクターなどが自動で生成されます。

OrderData.cs

```
using System.Text.Json;

#pragma warning disable IDE1006 ── プラグマの使用

record OrderData( ──────────── レコード型の使用
    string Customer, string id,
    Dictionary<string, int> OrderDetail)
{
    public override string ToString() =>
        JsonSerializer.Serialize(this);
}
```

Step 5：Commands.csのコーディング

注文データの操作を行うコマンドのクラスをコーディングします。

Commands.cs

```
using Microsoft.Azure.Cosmos;

class Commands : ConsoleAppBase
{
    private readonly Container _container;
    public Commands(CosmosClient client) =>
        _container = client.GetDatabase("OrderDB")
            .GetContainer("OrderData");

    // ここにメソッドを追加していく
}
```

このステップでは、以降、このクラス内にメソッドを追加します。
注文データを作成するコマンドを追加します。

```
[Command("insert")]
public Task InsertAsync(string customer, string id,
    Dictionary<string, int> orderDetail) =>
        _container.UpsertItemAsync(
            new OrderData(customer, id, orderDetail));
```

注文データを更新するコマンドを追加します。実装は上記のInsertAsyncと共通なので、それを呼び出します。

```
[Command("update")]
public Task UpdateAsync(string customer, string id,
    Dictionary<string, int> orderDetail) =>
        InsertAsync(customer, id, orderDetail);
```

顧客名とIDを指定して1件の注文データの読み取りを行うコマンドを追加します。

```
[Command("read")]
public async Task ReadAsync(string customer, string id) =>
```

6

Azure上のデータへのアクセス

```
Console.WriteLine((OrderData)await _container
    .ReadItemAsync<OrderData>(id, new PartitionKey(customer)));
```

注文データの全件検索を行うコマンドを追加します。

```
public void SelectAll() =>
    _container.GetItemLinqQueryable<OrderData>(true)
        .ToList().ForEach(Console.WriteLine);
```

顧客名を指定して注文データを検索するコマンドを追加します。

```
public void SelectByCustomer(string customer) =>
    _container.GetItemLinqQueryable<OrderData>(true)
        .Where(orderData => orderData.Customer == customer)
        .ToList().ForEach(Console.WriteLine);
```

顧客名とIDを指定して1件の注文データを削除するコマンドを追加します。

```
[Command("delete")]
public Task DeleteAsync(string customer, string id) =>
    _container.DeleteItemAsync<OrderData>(
        id, new PartitionKey(customer));
```

コーディングは以上です。続いて、Azureリソースを作成していきます。

 ## Step 6：リソースグループの作成

本演習用のリソースグループを作成します。

```
az group create -n [ リソースグループ名 ] -l [ リージョン名 ]
```

 ## Step 7：Azureリソースの作成

Bicepを使用して、リソースグループにAzureリソースをデプロイします。
以下は、Bicepファイルの、Cosmos DBアカウントを定義している箇所の抜粋です。
Cosmos DBアカウントは「Microsoft.DocumentDB/databaseAccounts」
というタイプで表されます。databaseAccountOfferTypeとlocationsは必須
のプロパティです（省略できません）。

main.bicep

```
resource account 'Microsoft.DocumentDB/databaseAccounts@2022-08-15' = {
  name: accountName // アカウント名
  location: location // リージョン
  kind: 'GlobalDocumentDB' // NoSQL API を使用
  properties: {
    capabilities: [ { name: 'EnableServerless' } ] // サーバーレス
    databaseAccountOfferType: 'Standard' // 常に 'Standard' を指定
    locations: [
      { // プライマリ レプリカ リージョン
        locationName: location // リージョン
        isZoneRedundant: false // ゾーン冗長を使用しない
        failoverPriority: 0 // フェイルオーバーの優先度
      }
    ]
  }
}
```

　また、Bicepで、Cosmos DBデータベース、Cosmos DBコンテナーも作成できます。

　本演習用のリソースグループを作成し、Bicepを使用して、リソースグループにAzureリソースをデプロイします。

```
# リソースを作成
az deployment group create \
-n [ デプロイ名 ] -g [ リソースグループ名 ] -f [Bicep ファイル名 ]
```

● Step 8：設定ファイル「appsettings.json」の作成

　Cosmos DBに接続するためのエンドポイントを設定ファイルに記述します。

appsettings.json

```
{
  "cosmosdb": {
    "endpoint": "[Cosmos DB エンドポイント ]"
  }
}
```

Step 9：Cosmos DBにアクセスできるようになるまで待つ

　Blob Storageの演習の場合と同様、ロールの割り当てが反映され、アクセスができるようになるまで、数分待ちます。本書配布のサンプルコードを連続的に自動で実行するスクリプトでは、第3章でセットアップした補助ツールを使用して、アクセスができるようになるまでここで待機しています。

 ## Step 10：動作確認① データを追加

　本アプリのコマンドを使って、P.174の注文データを追加します。

```
dotnet run insert --customer yamada --id 1 \
--order-detail '{"beer": 1, "yakitori": 2}'
dotnet run insert --customer yamada --id 2 \
    --order-detail '{"kakuhai": 1}'
dotnet run insert --customer fujii --id 1 \
    --order-detail '{"lemonsour": 1, "potesara": 1}'
dotnet run insert --customer fujii --id 2 \
    --order-detail '{"wine": 1}'
```

　ここでスクリプトではなく、Azure portalから手動で確認してみましょう。Azure portalの「データ エクスプローラー」でOrderDataコンテナーを表示してみると、注文データが4件追加されていることが確認できます。なお、以下の例ではSELECT文に「ORDER BY c._ts asc」を追加して、データを追加した順で表示しています。

Step 11：動作確認② すべてのデータの取得

すべての注文データを取得します。

```
dotnet run select-all
```

実行結果

```
{"Customer":"yamada","id":"1","OrderDetail":{"beer":1,"yakitori":2}}
{"Customer":"yamada","id":"2","OrderDetail":{"kakuhai":1}}
{"Customer":"fujii","id":"1","OrderDetail":{"lemonsour":1,"potesara":1}}
{"Customer":"fujii","id":"2","OrderDetail":{"wine":1}}
```

Step 12：動作確認③ データの更新

注文データを更新します。

```
dotnet run update --customer yamada --id 1 \
--order-detail '{"beer": 2, "yakitori": 4}'
```

更新した注文データを取得して確認します。注文数が更新されています。

```
dotnet run read --customer yamada --id 1
```

実行結果

```
{"Customer":"yamada","id":"1","OrderDetail":{"beer":2,"yakitori":4}}
```

Step 13：動作確認④ データの検索

顧客名を指定して、注文データを検索します。

6

Azure上のデータへのアクセス

```
dotnet run select-by-customer --cusomer yamada
```

実行結果

{"Customer":"yamada","id":"1","OrderDetail":{"beer":2,"yakitori":4}}
{"Customer":"yamada","id":"2","OrderDetail":{"kakuhai":1}}

Step 14：動作確認⑤ データの削除

　顧客名とIDを指定して、注文データを削除します。その後、すべての注文デー
タを取得して、1件の注文データが削除されたことを確認します。

```
dotnet run delete --customer yamada --id 1
dotnet run select-all
```

実行結果

{"Customer":"yamada","id":"2","OrderDetail":{"kakuhai":1}}
{"Customer":"fujii","id":"1","OrderDetail":{"lemonsour":1,"potesara":1}}
{"Customer":"fujii","id":"2","OrderDetail":{"wine":1}}

Step 15：リソースグループの削除

　以上で、演習は終了です。本演習用のリソースグループを削除します。

```
az group delete -n [ リソースグループ名 ] -y
```

　なお、リソースグループを削除しないとAzureにリソースが残ったままになる
ので、無駄な料金が発生する可能性があります。そのため以降の演習においても、
リソースグループを削除するStepまで必ず実行するようにしましょう。

まとめ

　Cosmos DBでは、パーティションキーとidを使って、項目を追加・変更・削
除するのが基本的な操作となります。Cosmos DBのようなNoSQLのデータベー
スは、リレーショナルデータベースとは異なり、テーブル（表）の事前の定義といっ
た作業が不要です。アプリへの機能追加などに合わせて、新しいプロパティをあと
から加えていくといった、柔軟なスタイルでの開発と運用が考えられます。

Chapter

7

Azure上の
機能の呼び出し

本章では、メール送信などの機能を提供するAzure Communication Servicesと、音声合成・画像認識などのAIの機能を提供するAzure Cognitive Servicesについて解説します。また、これらの機能を呼び出すアプリを開発します。

Azure Communication Servicesとは

本章では、アプリからのAzure利用パターン（P.14参照）のうち、「Azureが提供する機能をアプリから利用する」について解説します。まずは、電子メール、音声、ビデオ、チャット、SMSなどの機能を提供するAzure Communication Servicesを呼び出す方法について見ていきましょう。

Azure Communication Servicesとは

<u>Azure Communication Services（以降、Communication Services）</u>は、アプリにさまざまな通信機能を追加するためのサービスです。以下のような通信機能を利用できます。

Communication Servicesの主な機能

機能	概要
電子メール	電子メールを送信する機能をアプリに追加できる。また、メールの配信（配信の成功・失敗など）やエンゲージメント（送信されたメールが開かれたかどうか）などのレポートのイベントを利用できる
チャット	リアルタイムチャット機能をアプリに追加できる。チャットスレッドを作成して、メッセージを送信したり、参加者を追加したりできる
SMS	電話番号あてにショートメールを送信する機能を追加できる
音声およびビデオ通話	アプリに、音声通話やビデオ通話機能を追加できる

また、これらの機能はMicrosoft Teamsプラットフォームと組み合わせて運用することも可能です。本書では、上記の機能のうち、電子メールの基本的な機能について解説します。

電子メールの機能

Communication Servicesの電子メール機能を利用すると、アプリからメールを送信できます。複数の受信者（To、CC、BCC）にメールを送信したり、添付ファイルを含むメールを送信したりすることが可能です。

Communication Servicesの電子メール機能

メール送信元のドメインには、ワンクリックで簡単に追加できるドメイン（**Azureマネージドドメイン**）や、所有しているドメイン（**カスタムドメイン**）を使用できます。本書では、Azureマネージドドメインを使用する方法を説明します。

なお、本書では扱いませんが、電子メール機能では、メールの配信（配信の成功・失敗など）やエンゲージメント（送信されたメールが開かれたかどうか）などのレポートのイベントも利用できます。

 ## 電子メールの送信に必要なリソース

アプリからメールを送信するためには、以下の3つのAzureリソースが必要です。

電子メールの送信に必要なリソース

リソース	概要
通信サービス	Communication Servicesを利用するためのリソース
メール通信サービス	メール機能を利用するためのリソース
メール通信サービス ドメイン	メールの送信元ドメインを表すリソース

具体的なリソース作成方法は演習（P.191参照）で説明します。

7

Azure上の機能の呼び出し

電子メール送信の料金

　料金は、受信者に送信されたメールの数と、各受信者に転送されたデータの量に
基づいて決定されます。本書の演習で、数通のメール送信を試してみる程度の利用
では、料金はほとんどかかりません。詳しくは以下の公式サイトを確認してくださ
い。

- Communication Servicesの価格
  https://learn.microsoft.com/ja-jp/azure/communication-services/
  concepts/pricing
- Communication Servicesのメールの価格
  https://learn.microsoft.com/ja-jp/azure/communication-services/
  concepts/email-pricing

Section 43 Communication Services演習： 電子メールを送信するアプリ

本演習では、Communication Servicesを使用して、電子メールを送信するアプリを開発します。以下のような形でコマンドを入力することで、Azureを利用して、メールを自動的に送信できるようにします。

```
dotnet run send-mail --to '送信先メールアドレス' \
--subject '件名' --body '本文'
```

なお、本書の公式サンプルコードに含まれる自動化スクリプトを使用して演習を行うので、使用するパソコンに環境変数「AZDEV_MAIL_ADDRESS」が設定されていることを確認してください。これは、第3章の環境セットアップ（P.65参照）で設定しています。ここに設定されたメールアドレスが、テストメールの送信先として使用されます。

 ## 演習の準備：サンプルコードを開く

VS Codeで、サンプルコードの**「proj14-mail」フォルダー**を開きましょう。フォルダーの開き方とスクリプトの実行方法は、P.83を参照してください。

また、ソース全体やコマンドの完全な例は、このフォルダー内のファイルで確認してください。以下では、ソースやコマンドで特に重要な部分を抜粋して説明していきます。

 ## Step 1：プロジェクトの作成

「dotnet new worker」コマンドで、プロジェクトを作成します。

```
dotnet new worker --force
rm {Program,Worker}.cs;
touch {Program,IMailSender,MailSender,Commands}.cs
```

7

Azure上の機能の呼び出し

Step 2：パッケージの追加

プロジェクトに、必要なパッケージを追加します。

```
# ConsoleAppFramework
dotnet add package ConsoleAppFramework --version 4.2.4
# Azure Active Directory 認証クライアント
dotnet add package Azure.Identity --version 1.9.0
# Communication Services の E メールクライアント
dotnet add package Azure.Communication.Email --version 1.0.0
```

 ## Step 3：Program.csのコーディング

アプリの起動部分を記述します。

Program.cs

```
using Azure.Communication.Email;
using Azure.Identity;
using MailService;

ConsoleApp.CreateBuilder(args)
.ConfigureServices((context, services) =>
{
    var hostName = context.Configuration["mail:hostName"];————①
    var uri = new Uri($"https://{hostName}");
    var credential = new DefaultAzureCredential();
    var client = new EmailClient(uri, credential);————②
    services.AddSingleton(client);————③
    services.AddSingleton<IMailSender, MailSender>();————④
}).Build().AddCommands<Commands>().Run();
```

①設定ファイルから、電子メール送信用のホスト名を取得します。
②電子メール送信用のクライアントを作成します。
③クライアントをDIコンテナーに登録します。
④メール送信クラスのインターフェースと実装クラスをDIコンテナーに登録します。

　なお、AddSingletonメソッドでは、③のように、インターフェースを使用せず、あるクラスのオブジェクトを作成して登録することもできますが、④のように、オ

ブジェクトを作成せず、第1引数にインターフェース、第2引数にその実装クラスを指定して登録することもできます。後者の場合、実装クラスのオブジェクトはDIコンテナーによって作成されます。

Step 4：IMailSender.csのコーディング

メール送信クラスのインターフェースを記述します。これは第4章で使用したサンプル（P.92参照）とまったく同じものです。

IMailSender.cs

```
namespace MailService;

public interface IMailSender
{
    void SendMail(string to, string subject, string body);
}
```

Step 5：MailSender.csのコーディング

メールを送信する実装クラスを記述します。このクラスは、実際のメールの送信処理を行うCommunication ServicesのEmailClientを利用して、メールを送信します。メールソフトでメール送信する際に宛先のメールアドレス、件名、本文を指定するのと同様に、SendMailメソッドではこの3つの情報をto、subject、bodyで指定します。

MailSender.cs

```
using Azure.Communication.Email;

namespace MailService;
public class MailSender : IMailSender
{
    private readonly EmailClient _emailClient;
    private readonly string _sender;
    public MailSender(EmailClient emailClient, IConfiguration config)
    {
```

```
        _emailClient = emailClient;——————————————————①
        var user = config["mail:user"];
        var domain = config["mail:domain"];
        _sender = $"{user}@{domain}";——————————————————②
    }
    public void SendMail(string to, string subject, string body)——③
    {
        var content = new EmailContent(subject) { PlainText = body };
        var email = new EmailAddress(to);
        var recipients = new EmailRecipients(new[] { email });
        var message =
            new EmailMessage(_sender, recipients, content);——————④
        _emailClient.Send(Azure.WaitUntil.Started, message);——————⑤
    }
}
```

①メール送信用クライアントをDIコンテナーから受け取り、フィールドにセット
します。
②メール送信元のユーザーとドメインを設定ファイルから取得し、フィールドに
セットします。
③メール送信を行うメソッドです。toで送信先メールアドレス、subjectで件名、
bodyで本文を指定します。
④メール送信元アドレス、メール送信先アドレス、メール本文から、メールメッ
セージを表すEmailMessageを作成します。
⑤メール送信用クライアントを使用してメールメッセージを送信します。

 Step 6：Commands.csのコーディング

最後に、コマンドのクラスを記述します。

Commands.cs

```
using MailService;

class Commands : ConsoleAppBase
{
    private readonly IMailSender _mailSender;
```

```
    public Commands(IMailSender mailSender) =>
        _mailSender = mailSender;
    public void SendMail(string to, string subject, string body) =>
        _mailSender.SendMail(to, subject, body);
}
```

コーディングは以上です。続いて、Azureリソースを作成していきます。

 ## Step 7：Azureリソースの作成

Bicepファイルを使用してAzureリソースを定義します。前述した通り「通信サービス」「メール通信サービス」「メール通信サービス ドメイン」の3つのリソースを定義します。以下は「メール通信サービス」を定義している箇所の抜粋です。

main.bicep

```
resource emailServices 'Microsoft.Communication/emailServices ↵
@2023-03-31' = {
  name: emailServicesName // リソース名
  location: location // リージョン
  properties: {
    dataLocation: dataLocation // データロケーション
  }
}
```

「メール通信サービス」リソースでは、リージョン（リソースの場所）には固定値「global」を指定します。データロケーション（メールデータが格納される場所）には、「Japan」や「United States」などの国名を指定できます。本書では「Japan」を使用します。

本演習用のリソースグループを作成し、Bicepを使用して、リソースグループにAzureリソースをデプロイします。リソースの作成には多少時間がかかります。

```
# リソースグループを作成
az group create -n [ リソースグループ名 ] -l [ リージョン名 ]

# リソースを作成
az deployment group create \
-n [ デプロイ名 ] -g [ リソースグループ名 ] -f [ Bicep ファイル名 ]
```

リソースをデプロイすると、ドメイン名（mailFromSenderDomain）、通信サービスのホスト名（hostName）などが決まります。これらの値を、設定ファイルに記述します。

 Step 8：設定ファイル「appsettings.json」の作成

ドメイン名などの値を設定ファイルに記述します。この設定ファイルは.NETの構成ソースの一部となります。以下は設定ファイルの例です。

appsettings.json

```
{
  "mail": {
    "domain": "11111111-2222-3333-4444-555555555555.azurecomm.net",
    "hostName": "commsv12345abcde.communication.azure.com",
    "user": "DoNotReply"
  }
}
```

 Step 9：動作確認（メールの送信）

ここまでで、コーディングとAzureリソースの作成が完了したので、Step9ではメール送信の動作確認を行います。

メール送信するには、以下のコマンドを実行します。「送信先メールアドレス」には、自分のメールアドレスを入力する必要があります。本書の自動化スクリプトでは「--to」に「"$AZDEV_MAIL_ADDRESS"」と設定してあります。

```
dotnet run send-mail --to '[ 送信先メールアドレス ]' \
--subject '[ 件名 ]' --body '[ 本文 ]'
```

コマンドを実行したら、ご自身のメールボックスを確認してください。「DoNotReply ＜11111111-2222-3333-4444-555555555555.azurecomm.net」といった差出人から、「--to」に指定したメールアドレス（本書では、環境変数AZDEV_MAIL_ADDRESSに設定されたメールアドレス）あてに、コマンドで指定した件名・本文で、メールが届くはずです。

受信したメールの例

　メールが届かない場合は、Communication Servicesから送信されたメールが迷惑メールなどに分類されてしまっている可能性があります。お使いのメールの「迷惑メール」フォルダーを確認してください。

　コマンドの実行時にエラーが発生した場合は、以下を参照してください。

エラーが表示された場合の原因と対策

エラーメッセージ（抜粋）または現象	原因と対策
Azure.RequestFailedException: Denied by the resource provider. ... Status: 401 (Unauthorized)	ロールの割り当てを行っていないか、ロールの割り当てがまだ反映されていない。ロールを割り当てていることを確認し、10分ほど待ってから、再度実行すること
The specified sender domain has not been linked	「通信サービス」のドメインが接続されていない。「通信サービス」リソースのメニュー［メール］-［ドメイン］で［ドメインを接続する］をクリックし、［電子メールサービス］と［確認済みのドメイン］をプルダウンから選択し、［接続］をクリックすること

 Step 10：リソースグループの削除

　以上で、演習は終了です。本演習用のリソースグループを削除します。

```
az group delete -n [ リソースグループ名 ] -y
```

7

Azure上の機能の呼び出し

● まとめ

　本演習では、Communication Servicesを使用して、電子メールを送信するアプリを開発しました。これを応用することで、システムでなんらかの重要なイベントが発生した際に、アプリの管理者や利用者に通知を送信する、アプリの利用者向けにお知らせを一斉送信する、といったような、メール送信機能を活用できます。

　なお、今回は事前の準備なしですぐに利用できる「Azure マネージド ドメイン」を使用しましたが、カスタムのドメインからメールを送信することも可能です。また、メールの受信者がメールを開封したかどうかを確認するといった機能も利用できるので、興味がわいた場合はチャレンジしてみるとよいでしょう。

Azure Cognitive Servicesとは

　ここからは、AIのサービスであるAzure Cognitive Services（コグニティブ・サービス）を呼び出す方法について学びます。演習の前にまずは、Azure Cognitive Servicesの機能について解説しておきましょう。

 ## Azure Cognitive Servicesとは

　Azure Cognitive Services（以降、Cognitive Services） は、すぐに利用できる汎用的なAIのサービスです。画像や音声の認識、テキストの読み上げ、翻訳、要約、時系列データからの異常値の検出などを実行できます。機械学習モデルをトレーニングする必要はありません。アプリの開発者は、これらのAIサービスをアプリに組み込んで、高度なAIの機能をすぐに活用できます。なお、Cognitive Servicesは2023年7月に、Azure AI servicesという名前に変更されていますが、本書では旧名称を使用しています。

 ## Speech Service

　Cognitive Servicesの一部である**Speech Service**は、音声認識、音声合成、文字起こしなどを実行できるAIサービスです。

Speech Serviceによる音声データの生成

　このあとの演習では、Speech Serviceを使って、テキストの読み上げを行うアプリを作成します。

7

Azure上の機能の呼び出し

Computer Vision

Computer Visionも、Cognitive Servicesの一部です。画像の分析（画像に写っているものを文章化する）、OCR（Optical Character Recognition、光学式文字認識、画像に写っている文章をテキストとして出力する）などの機能を含みます。

Computer Visionによる画像の分析

このあとの演習では、Computer Visionを使って、画像の説明文を生成するアプリも作成します。

 Cognitive Servicesのリソース

Cognitive Servicesを使用するには「**Cognitive Services アカウント**」というリソースを作成します。このリソースには「マルチサービス」と「単一サービス」の2種類があります。

リソースの種類

種類	概要
マルチサービス リソース	「Cognitive services マルチサービス アカウント」ともいう。1つのリソースで、Computer VisionやSpeech Serviceのような複数のAIサービスを利用できる。有料のプランのみ利用できる
単一サービス リソース	Computer VisionやSpeech Serviceのようなサービスごとにリソースを作成して使うもの。有料のプランとFreeプランが利用できる

「Cognitive Servicesアカウント」をAzure CLIから作成する場合は、「**az cognitiveservices account create**」**コマンド**を使います。

```
                              Cognitive Servicesアカウントの作成の例
az cognitiveservices account create \
--name リソース名 \
--resource-group リソースグループ名 \
--kind CognitiveServices \
--sku F0 --location japaneast --yes
```

　「--kind」で、CognitiveServicesを指定すると「マルチサービス リソース」の
アカウント、ComputerVisionやSpeechServicesを指定すると「単一サービス
リソース」のアカウントが作成されます。

　Cognitive Servicesアカウントが作成できたら、あとは対応するAzure SDK
を使用してサービスにアクセスするためのクライアント（Speech Serviceの場合
は「シンセサイザー」とも呼ばれる）を作成すると、機能にアクセスできます。

 ## Cognitive Servicesの料金

　Cognitive Servicesの料金は各APIによって異なりますが、基本的には、使用
量（呼び出し回数や処理量）に比例した料金が発生します。本書で解説するサンプ
ルではFreeプラン（SKU：FO）を利用します。Freeプランは、1分あたりや月あ
たりの処理件数がかなり制限されていますが、本書のサンプルを数回実行する程度
であればFreeプランで十分です。なお、単一サービスのFreeプランのリソースは、
種類ごとに、サブスクリプションに1つだけ作成できます。たとえば、1つのサブ
スクリプションに、Computer VisionのFreeプランの「単一サービス」リソースを
1つ、Speech ServicesのFreeプランの「単一サービス」リソースを1つ作れます。

 ## リソースの削除についての注意事項

　他のAzureリソースとは異なり、Cognitive Servicesのリソースは、削除され
ると「削除されたリソース」へと移動され、48時間後に完全に削除（消去）されま
す。Azure portalからComputer VisionやSpeech ServicesのFreeプランの
リソースが作成できない場合や、BicepによるFreeプランリソースの作成が失敗
する場合は、「削除されたリソース」に、以前に作成したFreeプランのリソースが
残っている可能性があります。それが、別のFreeプランのリソースの作成を妨げ
る原因となります。その場合は、各サービスの「削除されたリソースの管理」画面
から、不要なリソースを選択して［消去］をクリックしてください。

7

Azure上の機能の呼び出し

Section 45

Speech Service演習：
テキスト読み上げアプリ

それでは、Speech Serviceを呼び出すコンソールアプリを開発してみましょう。ここでは「指定されたテキストを日本語音声で読み上げる」アプリを作成します。

テキスト読み上げアプリ

```
dotnet run speech \
--message 'テキストを指定'
```
コマンドを実行 → output.wav

「--message」で指定した文字列に対応する音声がWAVファイルで出力される

● 演習の準備：サンプルコードを開く

VS Codeで、サンプルコードの**「proj15-speech」フォルダー**を開きましょう。フォルダーの開き方とスクリプトの実行方法は、P.83を参照してください。

また、ソース全体やコマンドの完全な例は、このフォルダー内のファイルで確認してください。以下では、ソースやコマンドで特に重要な部分を抜粋して説明していきます。

● Step 1：プロジェクトの作成

「dotnet new worker」コマンドで、プロジェクトを作成します。

```
dotnet new worker --force
rm {Program,Worker}.cs;
touch {Program,Commands,SpeechServiceExtensions}.cs
```

● Step 2：パッケージの追加

プロジェクトに、必要なパッケージを追加します。

```
# ConsoleAppFramework
dotnet add package ConsoleAppFramework --version 4.2.4
# Azure Active Directory 認証クライアント
dotnet add package Azure.Identity --version 1.8.1
# Speech Service クライアント
dotnet add package Microsoft.CognitiveServices.Speech --version 1.25.0
```

 Step 3：Program.csのコーディング

アプリの起動部分を記述します。

Program.cs

```
using SpeechServiceExtensions;

ConsoleApp.CreateBuilder(args)
.ConfigureServices((context, services) =>
{
    var speechSection = context.Configuration.GetSection("speech");
    services.AddSpeechSynthesizer(speechSection);
})
.Build().AddCommands<Commands>().Run();
```

　ここでは、services（IServiceCollection型）のAddSpeechSynthesizer
メソッドを呼び出して、音声合成を行うための「シンセサイザー」（Speech
Synthesizer）を作り、DIコンテナーに追加しています。このメソッドは標準で提
供されるものではなく、次で説明するSpeechServiceExtensionsで定義する独
自の拡張メソッドです。

 Step 4：SpeechServiceExtensions.csのコーディング

　ここでは拡張メソッドであるAddSpeechSynthesizerを定義しています。こ
のメソッドは、Speech Serviceの「シンセサイザー」を作り、DIコンテナーに追
加します。Speech Serviceを使用する際に拡張メソッドを使う必要があるとい
うわけではありませんが、「シンセサイザー」の作成は次のように少々込み入った
コードが必要となるため、その部分を拡張メソッドに切り出して実装しています。

7

Azure上の機能の呼び出し

```csharp
using Azure.Core;
using Azure.Identity;
using Microsoft.CognitiveServices.Speech;
using Microsoft.CognitiveServices.Speech.Audio;

namespace SpeechServiceExtensions;

public static class SpeechServiceExtensions
{
    public static void AddSpeechSynthesizer(
        this IServiceCollection services,
        IConfigurationSection section)
    {
        var credential = new DefaultAzureCredential();
        var resourceId = section["resourceId"];
        var context = new TokenRequestContext(
            new[] { "https://cognitiveservices.azure.com/.default" });
        var token = credential.GetToken(context).Token;──────①
        var authorizationToken = $"aad#{resourceId}#{token}";──────②
        var speechConfig = SpeechConfig.FromAuthorizationToken(
            authorizationToken, section["region"]);──────③
        speechConfig.SpeechSynthesisLanguage = section["language"];
        speechConfig.SpeechSynthesisVoiceName = section["voiceName"];
        var audioConfig =
            AudioConfig.FromWavFileOutput(section["output"]);──────④
        services.AddSingleton(speechConfig);──────⑤
        services.AddSingleton(audioConfig);──────⑥
        services.AddSingleton<SpeechSynthesizer>();──────⑦
    }
}
```

① Azure AD からアクセストークンを取得します。

② Speech Service を使用するための「認証トークン」を作成しています。これ
は「aad#リソースID#Azure AD から取得したアクセストークン」という形式
です。

③ 認証トークンとリージョンの情報を使用してSpeechConfig を作成します。

④ 音声をファイルに出力するAudioConfig を作成します。

⑤ SpeechConfigをDIコンテナーに追加します。

⑥ AudioConfigをDIコンテナーに追加します。

⑦ シンセサイザー（SpeechSynthesizer）をDIコンテナーに追加します。

認証および各クラスの詳細は以下を参照してください。

- クイックスタート：テキストを音声に変換する
  https://learn.microsoft.com/ja-jp/azure/cognitive-services/speech-service/get-started-text-to-speech
- Speech SDK を使用したAzure Active Directory認証
  https://learn.microsoft.com/ja-jp/azure/cognitive-services/speech-service/how-to-configure-azure-ad-auth

 Step 5：Commands.csのコーディング

最後に、コマンドのクラスを記述します。

Commands.cs

```
using Microsoft.CognitiveServices.Speech;

class Commands : ConsoleAppBase
{
    private readonly SpeechSynthesizer _synthesizer;
    public Commands(SpeechSynthesizer synthesizer) =>
        _synthesizer = synthesizer;                         ①
    public async Task Speech(string message) =>
        await _synthesizer.SpeakTextAsync(message);         ②
}
```

① DIコンテナーからシンセサイザーを受け取り、フィールドにセットします。

② シンセサイザーを使用して、引数「message」の音声合成を行い、音声ファイルを出力します。

コーディングは以上です。続いてAzureリソースを作成していきます。

7

Azure上の機能の呼び出し

Step 6：Azureリソースの作成

　Bicepファイルを使用してAzureリソースを定義します。以下は、Cognitive Servicesアカウント（Speech Services用の「単一サービス リソース」）を定義している箇所の抜粋です。

main.bicep

```
resource speech 'Microsoft.CognitiveServices/accounts@2022-10-01' = {
  kind: 'SpeechServices' // アカウントの種類
  location: location // リージョン
  name: name // アカウント名
  properties: {
    customSubDomainName: name // カスタムサブドメイン名
  }
  sku: { name: 'F0' } // アカウントの SKU
}
```

　本演習用のリソースグループを作成し、Bicepを使用して、リソースグループにAzureリソースをデプロイします。

```
# リソースグループを作成
az group create -n [ リソースグループ名 ] -l [ リージョン名 ]

# リソースを作成
az deployment group create \
-n [ デプロイ名 ] -g [ リソースグループ名 ] -f [Bicep ファイル名 ]
```

 ## Step 7：設定ファイル「appsettings.json」の作成

　Cognitive Servicesへの接続に必要な値を設定ファイルに記述します。この設定ファイルは.NETの構成ソースの一部となります。

appsettings.json

```
{
  "speech": {
    "language": "ja-JP",
    "region": "[ リージョン ]",
```

```
    "resourceId": "[Cognitive Services アカウントのリソース ID]",
    "voiceName": "ja-JP-NanamiNeural",
    "output": "output.wav"
  }
}
```

ここで指定している値の意味は以下の通りです。

appsettings.jsonの設定値

設定名	設定値
language	音声の言語
region	Cognitive Services アカウントのリージョン
resourceId	Cognitive Services アカウントのリソース ID
voiceName	音声のボイス名
output	出力先の音声ファイル名

voiceNameには「ja-JP-KeitaNeural」(男性ボイス) や「ja-JP-NanamiNeural」(女性ボイス) を指定します。

リソースIDは、/subscriptions/[サブスクリプションID]/resourceGroups/[リソースID]/providers/Microsoft.CognitiveServices/accounts/[Cognitive Services アカウント名]という形式です。

Step 8：動作確認

それでは動作を確認します。

```
dotnet run speech --message 'みなさん、おはようございます'
```

実行すると「--message」で指定した文字列に対応する音声がWAVファイル「output.wav」へ出力されます。WAVファイルは、VS Code内で再生できるので、確認してみてください。

もしここでエラーが表示された場合は、次をチェックしてください。

エラーが表示された場合の原因と対策

エラーメッセージ	原因と対策
Unhandled exception. System. ApplicationException: Exception with an error code: 0x5	設定ファイル「appsettings.json」に、必要な設定が全て正しく記載されていることを確認すること。また、ロールが反映されていない可能性があるので、しばらく待ってから再度実行すること

 ## Step 9：リソースグループの削除

以上で、演習は終了です。本演習用のリソースグループを削除します。

```
az group delete -n [ リソースグループ名 ] -y
```

 ## まとめ

　本節では、Cognitive Serviceの一部であるSpeech Serviceを使用して、指定されたテキストを日本語音声で読み上げるアプリを作成しました。「シンセサイザー」を作り出す部分が少し難しいですが、その後のスピーチ機能を呼び出す部分は簡単だったかと思います。

　かなり人間の声に近い、自然な音声で読み上げができることに、驚きませんでしたか？　たとえば、人がたくさん集まるイベント会場で、定形のアナウンスを繰り返し読み上げて人を誘導するといった場合などに、この機能が活用できるかもしれません。

Section 46

Computer Vision演習：
画像キャプション生成アプリ

続いて、Computer Vision を呼び出すコンソールアプリを開発してみましょう。URLで指定された画像の説明文を、自動的に生成するようにします。たとえば、このアプリに猫の画像のURLを送信すると、「屋外にいる猫」といった、画像の内容を説明する文章が生成されます。

画像の説明文を自動生成するアプリ

画像の説明文を生成 ----→

屋外に立っている猫
屋外にいる猫
台の上に座っている猫

 演習の準備：サンプルコードを開く

VS Codeで、サンプルコードの **「proj16-computer-vision」フォルダー**を開きましょう。フォルダーの開き方とスクリプトの実行方法は、P.83を参照してください。

また、ソース全体やコマンドの完全な例は、このフォルダー内のファイルで確認してください。以下では、ソースやコマンドで特に重要な部分を抜粋して説明していきます。

 Step 1：「責任あるAI通知」への同意

Azure サブスクリプションで初めて Computer Vision リソースを作成する際は、Azure portal で「責任あるAI通知」に同意する必要があります。**本書で用意している、サンプルの自動化スクリプトを使用する場合であっても、Step1については事前に手動で実施する必要があります。**

7

Azure上の機能の呼び出し

「責任あるAI通知」への同意

責任ある AI 通知

Microsoft は、提供する本 Cognitive Services に適用される適切な操作に関する技術ドキュメントを提供します。お客様は、本ド
キュメントを確認し、本ドキュメントに従って本サービスを使用することを認め、同意します。本 Cognitive Services は、お客様が個人識
別その他の目的で使用する自己のシステムに組み込む可能性のある生体認証データ（製品文書に詳細が記載されている場合があ
ます）を含むお客様データを処理することを目的としています。お客様は、オンライン サービス DPA に含まれる生体認証データに関する義務
を遵守する責任があることを承認し、同意します。

オンライン サービス DPA

空間分析のための AI ドキュメントの責任ある使用

このボックスをオンにすることで、上記すべての条　　　✓
項を承認し、同意したことを確認します。*

以下の手順を実施してください。

① Azure portal（https://portal.azure.com）にアクセスします。
② 画面上部の検索ボックスで「Computer Vision」を検索し、「Computer Vision」サービスの一覧画面へ移動します。
③ ［＋作成］をクリックして、以下の項目を入力します。

入力する内容

項目	入力内容
リソースグループ	［新規作成］をクリックして、適当な名前を入力し、［OK］をクリック
リージョン	Japan East（東日本リージョン）を選択
名前	cv［乱数］ ※［乱数］の部分には、適当な数字をキーボードから10桁ほど入力
価格レベル	Free F0
「このボックスをオンにすることで、上記すべての条項を承認し、同意したことを確認します」	画面に表示された文章を読んで同意し、チェック

　最後に画面下の［確認と作成］、［作成］とクリックして、Computer Vision リソースを作成します。**リソースの作成が完了したら、以降の手順を手動で実施して、このリソースとリソースグループは削除してください**（P.197で述べた通り、Free プランのリソースはサブスクリプションに１つしか作れないためです）。本操作を行うと、この Azure サブスクリプションでは、Bicep などを使用して、Computer Vision リソースを作成できます。

7

Azure上の機能の呼び出し

Step 2：プロジェクトの作成とパッケージの追加

「dotnet new worker」コマンドで、プロジェクトを作成します。

```
dotnet new worker --force
rm {Program,Worker}.cs;
touch {Program,Commands,ComputerVisionExtensions}.cs
```

プロジェクトに、必要なパッケージを追加します。

```
# ConsoleAppFramework
dotnet add package ConsoleAppFramework --version 4.2.4
# Azure Active Directory 認証クライアント
dotnet add package Azure.Identity --version 1.8.1
# Computer Vision クライアント
dotnet add package \
Microsoft.Azure.CognitiveServices.Vision.ComputerVision --version 7.0.1
```

Step 3：Program.csのコーディング

アプリの起動部分を記述します。

```csharp
using ComputerVisionExtensions;

ConsoleApp.CreateBuilder(args)
.ConfigureServices((context, services) =>
{
    var endpoint = context.Configuration["cv:endpoint"] ?? "";
    services.AddComputerVisionClient(endpoint);
})
.Build().AddCommands<Commands>().Run();
```

　ここでは、services（IServiceCollection型）のAddComputerVisionClientメソッドを呼び出して、Computer Vision クライアント（ComputerVisionClient）を作り、DIコンテナーに追加しています。前の演習と同様、このメソッドは標準で提供されるものではなく、次で説明するComputerVisionExtensionsで定義する独自の拡張メソッドです。

 ## Step 4：ComputerVisionExtensions.csのコーディング

　ここでは拡張メソッド「AddComputerVisionClient」を定義しています。このメソッドは、Computer Vision クライアントを作り、DIコンテナーに追加します。前の演習と同様、Computer Vision クライアントの作成には少々込み入ったコードが必要となるため、その部分を拡張メソッドに切り出して実装しています。

```csharp
using Azure.Core;
using Azure.Identity;
using Microsoft.Azure.CognitiveServices.Vision.ComputerVision;
using Microsoft.Rest;

namespace ComputerVisionExtensions;
```

```
public static class ComputerVisionExtensions
{
    public static void AddComputerVisionClient(
        this IServiceCollection services, string endpoint)
    {
        var cred = new DefaultAzureCredential();
        var context = new TokenRequestContext(
            new[] { "https://cognitiveservices.azure.com/.default" });
        var token = cred.GetToken(context);                            ①
        var tokenCredential = new TokenCredentials(token.Token);       ②
        var client = new ComputerVisionClient(tokenCredential)         ③
            { Endpoint = endpoint };
        services.AddSingleton(client);                                 ④
    }
}
```

①Azure AD からアクセストークンを取得します。

②ComputerVisionClient を使用するための「トークン認証」を作成します。

③認証トークンとエンドポイントの情報を使用して ComputerVisionClient を作成します。

④ComputerVisionClient を DI コンテナーに追加します。

　認証および各クラスの詳細は以下を参照してください。

・Cognitive Services に対する要求の認証

https://learn.microsoft.com/ja-jp/azure/cognitive-services/authentication

・クイックスタート：画像分析

https://learn.microsoft.com/ja-jp/azure/cognitive-services/computer-vision/quickstarts-sdk/image-analysis-client-library

 Step 5：Commands.cs のコーディング

　最後に、コマンドのクラスを記述します。ここでは、指定された画像に対して3つの説明文を生成するコマンドを作成します。

7

Azure上の機能の呼び出し

```csharp
using Microsoft.Azure.CognitiveServices.Vision.ComputerVision;

class Commands : ConsoleAppBase
{
    private readonly ComputerVisionClient _client;
    public Commands(ComputerVisionClient client) =>
        _client = client;                                      ①
    public async Task DescribeImage(string url)
    {
        var description =
            await _client.DescribeImageAsync(url, 3, "ja");    ②
        description.Captions.ToList().ForEach(caption =>       ③
            Console.WriteLine($"{caption.Text} {caption.Confidence}"));
    }
}
```

① DIコンテナーからComputer Visionクライアントを受け取り、フィールドに
   セットします。
② Computer Visionクライアントを使用して、画像を分析（説明文を生成）しま
   す。第1引数が分析対象の画像のURL（インターネット上のURL）、第2引数
   は生成する説明文の個数、第3引数は説明文の言語（jaは日本語）です。
③ 生成された画像の説明文と信頼度スコア（P.212参照）を画面に表示します。

コーディングは以上です。続いてAzureリソースを作成していきます。

Step 6：Azureリソースの作成

　Bicepファイルを使用してAzureリソースを定義します。以下は、Cognitive
Servicesアカウント（Computer Vision用の「単一サービス リソース」）を定義
している箇所の抜粋です。

```
resource cv 'Microsoft.CognitiveServices/accounts@2022-10-01' = {
  kind: 'ComputerVision' // アカウントの種類
  location: location // リージョン
  name: name // アカウント名
```

```
properties: {
  customSubDomainName: name // カスタムサブドメイン名
  publicNetworkAccess: 'Enabled' // パブリックネットワークアクセス
}
sku: { name: 'F0' } // アカウントの SKU
}
```

　本演習用のリソースグループを作成し、Bicepを使用して、リソースグループに
Azureリソースをデプロイします。

```
# リソースグループを作成
az group create -n [ リソースグループ名 ] -l [ リージョン名 ]

# リソースを作成
az deployment group create \
-n [ デプロイ名 ] -g [ リソースグループ名 ] -f [Bicep ファイル名 ]
```

　もし「This subscription cannot create ComputerVision until you agree
to Responsible AI terms for this resource. You can agree to Responsible
AI terms by creating a resource through the Azure Portal then trying
again.」といったエラーが発生した場合は、Step 1の手順が実施済みかどうかを
確認してください。

● Step 7：設定ファイル「appsettings.json」の作成

　Computer Vision（Cognitive Serviceリソース）への接続に必要な値を設定
ファイルに記述します。この設定ファイルは.NETの構成ソースの一部となります。

appsettings.json

```
{
  "cv": {
    "endpoint": "[Cognitive Service リソースのエンドポイント ]"
  }
}
```

7

Azure上の機能の呼び出し

Step 8：動作確認

　それでは以下のように「describe-image」コマンドを使用して、画像の説明文を表示します。「画像のURL」にはインターネット上の適当な画像のアドレスなどを指定します。Computer VisionのAIが、画像に写っているものを調べて、その説明文を出力します。

```
dotnet run describe-image --url '画像のURL'
```

　以下は、とある猫の画像の説明文を生成した結果です。

実行結果例

```
屋外に立っている猫 0.565643330965331
屋外にいる猫 0.564643330965331
台の上に座っている猫 0.5008907090332411
```

　説明文といっしょに出力される数値は、0〜1の「信頼度スコア」です。信頼度スコアが高いほど回答の信頼度が高いので、たとえば、一定の信頼度スコアに達した説明文だけを採用する、といった使い道が考えられます。

 ## Step 9：リソースグループの削除

　以上で、演習は終了です。本演習用のリソースグループを削除します。

```
az group delete -n [ リソースグループ名 ] -y
```

 ## まとめ

　本節では、Computer Visionを使用して、指定された画像の内容を説明する文章を自動的に生成するアプリを作成しました。たとえばInstagramのような、利用者が画像を投稿できるサービスにおいて、投稿された画像をテキスト化することで、キーワードによる画像検索を行えるようにするといった応用が考えられます。

　クライアント（ComputerVisionClient）を作り出す部分が他のサービス（たとえばBlob StorageやCosmos DB）の場合と違って独特ですが、Speech Serviceの場合と同様、一度クライアントができたら、あとは比較的簡単にAIの機能を呼び出せます。

Chapter 8

Azure上での
コードの実行

本章では、Azureのコンピューティングのサービスを使用して、Azure上でコードを実行する方法を解説します。Azure App Service、Azure Functions、Azure Container Instancesについて解説します。

Azure App Serviceとは

本章では、アプリからのAzure利用パターン（P.14参照）のうち、「アプリを
Azure上で運用する」について解説します。その方法の1つとしてまずは、Web
アプリなどをAzure上で運用するためのAzure App Serviceについて説明して
いきます。

Azure App Serviceとは

Azure App Service（以降、App Service） は、WebアプリやWeb APIを
Azure上で運用するための**フルマネージドのPaaS**です。ASP.NET Coreなどを
使用して開発したWebアプリやWeb APIを、App Serviceにデプロイ（配置）し
て運用できます。

App Serviceの利用イメージ

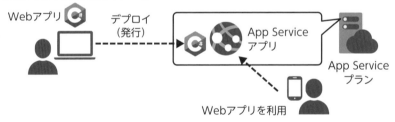

PaaSであるApp Serviceでは、アプリを実行するためのインフラ（サーバー）
や言語ランタイムの管理などはAzure側で行われます。そのため開発者はアプリ
の開発そのものに専念できます。

リソースの構造

App Serviceを使用するには、Azureのリソースとして「**App Serviceプラ
ン**」と「**App Serviceアプリ**」を作成します。「プラン」は「アプリ」の機能やコス
トを管理するリソースであり、「プラン」内で「アプリ」が動作します。開発者は、
C#などで開発したWebアプリを「アプリ」内にデプロイします。そして、アプリ

にアクセスするには、アプリに割り当てられるURLを使用します。

　プランの作成時には、「**価格レベル**」を選択します。上位の価格レベルほど、使用できる機能が多くなり、プラン自体の性能も上がります。プランの作成後にも価格レベルを変更できます。

　また、プランで使用するOSは、WindowsとLinuxから選択できます。本書では（コマンドのデフォルト値である）Windowsを使用します。

 ## アプリのデプロイ

　App Serviceは、ローカルの環境で開発したアプリのコードを「App Serviceアプリ」にデプロイするためのさまざまな方法を提供します。Gitを使用したデプロイや、GitHub・Azure DevOpsと連携したCI/CDデプロイ、開発ツール（Visual StudioやVS Codeなど）によるデプロイなどが可能です。本書では最もシンプルな方法である、コマンドによるデプロイ（ZIPデプロイ）を使用します。

 ## アプリケーション設定

　App Serviceアプリの「**アプリケーション設定**」というしくみで、App Serviceアプリの設定が行えます。たとえば「blob:serviceUri=https://app1a2b3c.blob.core.windows.net/」などのようにBlob Storageのエンドポイントを「アプリケーション設定」に設定することで、アプリからは環境変数「blob:serviceUri」としてこの値を読み取って利用できます。また、.NETの「構成」を使用して、この設定を読み取ることも可能です。

 ## App Serviceの料金

　基本的にプランに対して料金が発生します。プラン作成時に指定した価格レベルと、プランに含まれるインスタンス（仮想マシン）数によって料金が決まります。ただし、無料で使用できるFreeプランもあります。本書ではFreeプランを使用します。

8

Azure上でのコードの実行

App Service演習：画像を
アップロードできるWebアプリ

　ここでは、画像をBlob Storageにアップロード（投稿）できるWebアプリを作成し、App Service上にデプロイします。

Blob Storageにアップロード（投稿）できるWebアプリ

選択した画像がBlob Storageに
アップロードされる

Blob Storage
（ストレージアカウント）

 演習の準備：サンプルコードを開く

　VS Codeで、サンプルコードの**「proj17-uploader」フォルダー**を開きましょう。フォルダーの開き方とスクリプトの実行方法は、P.83を参照してください。

　また、ソース全体やコマンドの完全な例は、このフォルダー内のファイルで確認してください。以下では、ソースやコマンドで特に重要な部分を抜粋して説明していきます。

 Step 1：プロジェクトの作成

　「dotnet new webapp」コマンドで.NETのWebアプリプロジェクトを作成します。

```
dotnet new webapp -n Uploader -o . --force
```

Step 2：パッケージの追加

プロジェクトに、必要なパッケージを追加します。

```
# Azure Active Directory 認証クライアント
dotnet add package Azure.Identity --version 1.8.1
# Blob Storage クライアント
dotnet add package Azure.Storage.Blobs --version 12.14.1
```

 Step 3：Program.csのコーディング

アプリの起動部分を記述します。以下は、Program.csの、冒頭部分の抜粋です。ここで、Blobコンテナーを操作するためのBlobContainerClientを作成します。これは、画像のアップロードや、アップロード済みの画像（Blob）の一覧の取得に使用されます。

Program.cs

```
using Azure.Storage.Blobs;
using Azure.Identity;
var builder = WebApplication.CreateBuilder(args);————————①
var endpoint = builder.Configuration["blob:endpoint"] ?? "";————②
var uri = new Uri(endpoint);————————————————————③
var credential = new DefaultAzureCredential();——————————④
var client = new BlobContainerClient(uri, credential);————⑤
builder.Services.AddSingleton(client);——————————————⑥
// ...（後略）...
```

①Webアプリのビルダーを作成します（この行はASP.NET Coreプロジェクトを作成した際にデフォルトで記述されています）。

②設定ファイルからBlobコンテナーのエンドポイントを取得します。

③エンドポイントからUriオブジェクトを作成します。

④Azure AD認証を行うためのDefaultAzureClientオブジェクトを作成します。このコードを開発環境で実行した場合は、認証にサービスプリンシパルが使用されます。このコードをApp Service上で実行した場合は、認証にマネージドIDが使用されます。

⑤Blobコンテナーを操作するためのBlobContainerClientを取得します。

8

Azure上でのコードの実行

⑥作成したBlobContainerClientをWebアプリのビルダーのServicesに登録します。DIコンテナーのしくみを使用して、このプロジェクト内の別のオブジェクトで、ここで登録したオブジェクトを取り出して利用できます。

 ## Step 4：Pages/Index.cshtml.csのコーディング

Webアプリのトップページを制御する、Razor Pagesのページモデルを記述します。

Pages/Index.cshtml.cs

```
using Azure.Storage.Blobs;
using Microsoft.AspNetCore.Mvc;
using Microsoft.AspNetCore.Mvc.RazorPages;
namespace Uploader.Pages;
public class IndexModel : PageModel
{
    public IFormFile? Image { get; set; }————————①
    public IEnumerable<string> Urls { get; set; } =————②
        Enumerable.Empty<string>();
    private readonly BlobContainerClient _client;————③
    public IndexModel(BlobContainerClient client) =>————④
        _client = client;
    public void OnGet() =>————————————————⑤
        Urls = _client.GetBlobs()
            .OrderByDescending(blob => blob.Properties.CreatedOn)
            .Select(blob => _client.Uri + "/" + blob.Name);
    public ActionResult OnPost()————————————⑥
    {
        if (Image is not null)
            _client.UploadBlob(Guid.NewGuid().ToString(),
                Image.OpenReadStream());
        return Redirect("~/");
    }
}
```

①アップロードされたファイルの情報を保持するフィールドです。OnPostメソッド実行時に使用されます。

②画像ファイルのURL一覧を保持するフィールドです。OnGetメソッド実行時に使用されます。

③Blobコンテナーにアクセスするためのクライアントです。

④DIコンテナーを使用して、Blobコンテナーアクセス用のクライアントをセットします。

⑤ページのGETの処理です。Webブラウザからトップページにアクセスした際に実行されます。BlobコンテナーからBlob一覧を作成日の新しい順で取得し、BlobのURLのリストを組み立てます。

⑥ページのPOSTの処理です。トップページのファイルアップロードフォームでファイルをアップロードした際に実行されます。BlobコンテナーにBlobをアップロードし、トップページにリダイレクトします。

Step 5：Pages/Index.cshtmlのコーディング

Webアプリのトップページを表示するRazorページを記述します。

Pages/Index.cshtml

```
@page
@model IndexModel
<form method="post" enctype="multipart/form-data" asp-action="Post">
    <input asp-for="Image" />————————①
    <button> アップロード </button>————②
</form>
@foreach (var url in @Model.Urls)————③
{
    <img src="@url" width="200">————④
}
```

①画像ファイルのアップロード用のファイル選択ボタンを作成します。

②画像ファイルのアップロードボタンを作成します。

③画像ファイルのURLを取得します。

④画像を表示します。

コーディングは以上です。続いて、Azureリソースを作成していきます。

Step 6：リソースグループの作成

本演習用のリソースグループを作成し、Bicepを使用して、リソースグループに
Azureリソースをデプロイします。

```
# リソースグループを作成
az group create -n [ リソースグループ名 ] -l [ リージョン名 ]
```

 ## Step 7：Azureリソースの作成

Bicepファイルを使用してAzureリソースを定義します。以下は、Bicepファ
イルの、App Serviceプランを定義している箇所の抜粋です。App Serviceプラ
ンは「Microsoft.Web/serverfarms」というタイプで表されます。

main.bicep

```
resource plan 'Microsoft.Web/serverfarms@2022-03-01' = {
  location: location // リージョン
  name: planName // プラン名
  sku: { name: 'F1' } // プランの SKU (F1: Free)
  kind: 'windows' // プランの OS の種類
}
```

また以下は、Bicepファイルの、App Serviceアプリを定義している箇所の抜粋
です。App Serviceアプリは「Microsoft.Web/sites」というタイプで表されます。

main.bicep

```
resource app 'Microsoft.Web/sites@2022-03-01' = {
  kind: 'app'
  location: location // リージョン
  name: appName // アプリ名
  properties: {
    serverFarmId: plan.id // プランのリソース ID
    siteConfig: {
      netFrameworkVersion: 'v7.0' // .NET 7.0 を使用
      appSettings: [ // アプリケーション設定
        {
          name: 'SCM_DO_BUILD_DURING_DEPLOYMENT' // デプロイ時にビルド
```

```
      value: 'true'
    }
    {
      name: 'blob__endpoint' // Blob コンテナーのエンドポイント
      value: '...( 略)...'
    }
  ]
  }
}
identity: { // システム割り当てマネージド ID を有効化
  type: 'SystemAssigned'
}
}
```

App Serviceアプリでは「システム割り当てマネージドID」を有効化していま
す。このマネージドIDに、Blobのアップロードに必要なロール「Storage Blob
Data Contributor」を割り当てます。

また、アプリの「アプリケーション設定」では、Blobコンテナーにアクセスする
ためのエンドポイントを設定しておきます。

本演習用のリソースグループを作成し、Bicepを使用して、リソースグループに
Azureリソースをデプロイします。

```
# リソースを作成
az deployment group create \
-n [ デプロイ名 ] -g [ リソースグループ名 ] -f [Bicep ファイル名 ]
```

Step 8：設定ファイル「appsettings.json」の作成

設定ファイル「appsettings.json」に、画像ファイルを保持するBlobコンテ
ナーのエンドポイントを設定します。エンドポイントのURIはhttps://[ストレー
ジアカウント名].blob.core.windows.net/[コンテナー名]という形式です。

appsettings.json

```
{
  "blob": {
    "endpoint": " エンドポイントの URI"
```

8
Azure上でのコードの実行

```
    }
}
```

 ## Step 9：Blobにアクセスできるようになるまで待つ

　リソースのデプロイ後、ロールの割り当てが反映されるまで数分ほど時間がかかる場合があります。本書配布のサンプルコードを連続的に自動で実行するスクリプトでは、第3章でセットアップした補助ツールを使用して、Blobにアクセスができるようになるまでここで待機しています。

 ## Step 10：ローカルでの動作確認

　では開発環境でWebアプリの動作を確認します。デフォルトでは「Properties/launchSettings.json」で指定されたポート番号が使用されますが、以下のようにしてポート番号を明示的に指定することができます。

```
dotnet run --urls=http://localhost:8080
```

　すると以下のようなログが出力されます。

実行結果

```
info: Microsoft.Hosting.Lifetime[14]
      Now listening on: http://localhost:8080
```

　表示されているURLを、[Ctrl] キーを押しながらクリックすると、WebブラウザでそのURLを開くことができます（または、URLをコピーして、Webブラウザのアドレス欄に貼り付けて移動します）。なお、この操作はスクリプト実行時でも手動で行う必要があります。

　適当な画像ファイルをいくつかアップロードしてみましょう。［ファイルの選択］をクリックして画像を選択したあと、［アップロード］をクリックしてください。アップロードした画像はトップページに並べて表示されます。

　動作確認が完了したら、ターミナルで Enter キーを押して、アプリを停止させます。

 ## Step 11：ローカルのWebアプリをApp Serviceアプリへデプロイ

　「az webapp up」コマンドで、ローカルにあるWebアプリをApp Serviceアプリへデプロイします。

```
az webapp up -n [App Service アプリ名 ] -p [App Service プラン名 ] \
-g [ リソースグループ名 ]　-l [ リージョン名 ] \
--os-type Windows --runtime 'dotnet:7' --sku F1
```

指定するオプション

オプション	指定する内容
-n	App Service アプリ名
-p	App Service プラン名
-g	リソースグループの名前
-l	リージョン
--os-type	プランのOS種類（Windows／Linux）
--runtime	ランタイムの名前とバージョン
--sku	アプリのSKU

 ## Step 12：App Serviceでの動作確認

　「az webapp browse」コマンドで、App ServiceにデプロイしたWebアプリをWebブラウザで開きます。「-n」でApp Serviceアプリ名、「-g」でリソースグループの名前を指定します。

```
az webapp browse -n [App Service アプリ名 ] -g [ リソースグループ名 ]
```

　コマンドを実行すると、Webブラウザで「https://[App Serviceアプリ名].azurewebsites.net」というURLが自動で開かれます。ページ内の［ファイル

の選択] をクリックして、適当な画像を選択し、画像をアップロードして、動作を確認してください。また、このURLに、お手元のスマートフォンなどからアクセスすると、スマートフォンで撮影した画像をBlobへアップロードすることもできます。

なお、Azure portalから、本演習で作成されたストレージアカウントにアクセスすると、Blobコンテナーに、画像がBlobとしてアップロードされていることが確認できます。このアプリでは、アップロードの都度、GUID（グローバル一意識別子）を生成し、それをBlob名としています。

Blobコンテナー

Webアプリで選んだ画像がBlobコンテナーにアップロードされている

 Step 13: リソースグループの削除

以上で、演習は終了です。本演習用のリソースグループを削除します。

```
az group delete -n [ リソースグループ名 ] -y
```

 まとめ

本演習を通じて、Webアプリをローカルで開発し、App ServiceにデプロイしてAzure上で運用するための基本的な手順が理解できました。App Serviceを利用してアプリをインターネットに公開することで、開発者だけではなく、世界中のユーザーが、パソコン、スマホ、タブレットなどを使用して、アプリを利用できます。App Serviceでは必要に応じて、アプリに認証を追加して、サインインしたユーザーのみアクセスできるようにする、ネットワークアクセスを特定の送信元IPアドレスに制限する、といった方法で、アプリに対するアクセスをコントロールすることもできます。

Section 49

Azure Functionsとは

「ストレージアカウントのBlobコンテナーにファイルがアップロードされた」といったように、イベントが発生するたびになんらかの処理を自動で行いたい場合は、Azure Functionsを使用します。

Azure Functionsとは

Azure Functionsは「関数アプリ」を実行するサービスです。関数アプリは、1つまたは複数の「関数」で構成されます。各関数は基本的に、ファイルアップロード時の処理、データベースへのデータ登録時の処理、IoTデバイスからのデータ受信時の処理といった、短時間 (数十秒～数分) で実行される小さな処理を担当します。

以下は、ストレージアカウントと連携して、アップロードされたファイルを処理する関数アプリの例です。ストレージアカウントにBlobがアップロードされると、関数が起動します。そして関数の処理結果は、別のBlobとして出力されます。Azure Functionsにおいて、関数を起動するしくみを「**トリガー**」といい、入出力を行うしくみを「**バインド**」といいます (トリガーは入力バインドの一種です)。

関数アプリの動作イメージ

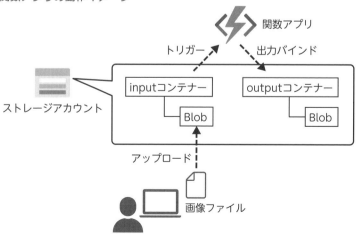

8

Azure上でのコードの実行

Azure Functionsは、サーバーレスのサービスなので、**アプリを運用するためのインフラ（サーバーやネットワークなど）をユーザーが管理する必要はありません**。必要なサーバーなどはAzureによりオンデマンドで、必要なときに必要なだけ提供されます。

Azure Functionsは、.NET（C#、F#）のほかにJavaScript、TypeScript、Java、PowerShell、Pythonなどの言語に対応しています。本書では.NET（C#）を使用する場合について解説します。

 ## 関数アプリ

「関数アプリ」は、C#プロジェクトとして作成します。「関数アプリ」の中には複数の「関数」が含まれます。「関数」は、C#のクラス内のメソッドとして作成します。

関数アプリ

「関数アプリ」の関数は、「イベント」の発生によって起動します。たとえば「ストレージアカウントのBlobコンテナーにBlobがアップロードされた」というイベントが発生すると、対応する関数が起動します。Cosmos DBの「項目」の作成や、HTTPリクエストの受信なども、イベントの例です。

 ## 関数を起動するしくみである「トリガー」

関数を作成する際に、イベントに対応する「トリガー」を指定します。トリガーには「Blobトリガー」「Cosmos DBトリガー」などがあり、たとえば「Blobトリガー」では、Blobの作成・更新により、関数が起動されます。

トリガーの例

トリガー	関数を起動する条件
Blobトリガー	Blobの作成または更新
Cosmos DBトリガー	Cosmos DBの「項目」の作成または更新
タイマートリガー	指定したスケジュール（スケジュールは「NCRONTAB」式で指定する）
HTTPトリガー	HTTPリクエストの受信

それぞれの関数で、1つのトリガーの指定が必要です。

ほかのサービスへの接続を行う「バインド」

関数では、関数がほかのサービスに接続するしくみである「**バインド**」が利用できます。「バインド」で、接続したいサービスの情報（Blobのエンドポイントやコンテナー名など）を指定しておくだけで、そのサービスを使用したデータの入出力を実装できます。

バインドには「**入力バインド**」と「**出力バインド**」があります。たとえば「Azure SQL入力バインド」を使用すると、関数が起動された際に、Azure SQL Databaseからデータを取得できます。また、「Azure SQL出力バインド」を使用すると、関数の処理結果をAzure SQL Databaseに登録できます。

バインドの例

バインド	入力バインドとしての利用	出力バインドとしての利用
Blobバインド	Blobの読み取り	Blobの作成・更新・削除
Cosmos DBバインド	ドキュメント（項目）の読み取り	ドキュメント（項目）の作成・更新
Azure SQLバインド	行の読み取りなど	行の書き込みなど

なお、入力・出力バインドの利用はオプションです。

8

Azure上でのコードの実行

例：CSVファイルがアップロードされたら内容をSQLデータベースに登録する関数

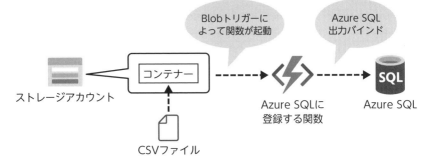

- **参考：サポートされているトリガー、バインドの一覧**
https://learn.microsoft.com/ja-jp/azure/azure-functions/functions-triggers-bindings?tabs=csharp#supported-bindings

Azure Functionsのリソース構成

　Azure Functionsでは、Azure側のリソースとして「**プラン**」と「**関数アプリ**」を使用します。関数アプリのプランの種類には「従量課金プラン」「Premiumプラン」「App Serviceプラン（「専用プラン」とも呼ぶ）」があります。プランにより、機能や課金の方法が決まります。各関数アプリは、トリガーの管理などのため、ストレージアカウントを必要とします。本書のサンプルでは「従量課金プラン」を使用します。

　以下は、関数アプリの構成例です。「従量課金プラン」は、関数アプリの作成と同時に作成されます。

関数アプリの構成例

　従量課金プランを使用する関数アプリの場合、**関数アプリごとに従量課金プランを持つ（プランに複数のアプリを関連付けない）ことが推奨されています。**ストレージアカウントも、パフォーマンスなどの観点から、関数アプリごとに作成します。

.NET 7のC#を使用する関数アプリ

　.NETを使用する関数アプリは、従来型のモデルである「**インプロセス**」と、新しいモデルである「**分離ワーカープロセス**」（「分離プロセス」や「アウト・オブ・プロセス」とも呼ぶ）のいずれかで実行されます。「インプロセス」では、関数アプリは、ホスト（関数アプリを動かすランタイム）と同じプロセスで実行されます。「分離ワーカープロセス」では、関数アプリは、ホストとは別のプロセスで実行されます。公式の発表によれば、将来的には「インプロセス」は廃止され、「分離ワーカープロセス」モデルに移行する計画となっています。

関数アプリの実行モデル

インプロセス

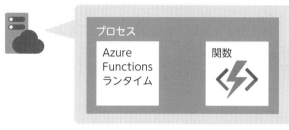

分離ワーカープロセス

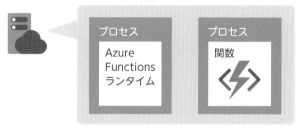

　.NET 7のC#を使用して関数アプリを開発する場合は「分離ワーカープロセス」を使用する必要があります。現在のところ「分離ワーカープロセス」は「インプロセス」とは異なる仕様を持ち、コードの書き方も異なるので、注意が必要です。詳しい比較については公式のドキュメントを参照してください。

• 「インプロセス」と「分離ワーカープロセス」の違い
　https://learn.microsoft.com/ja-jp/azure/azure-functions/dotnet-
isolated-in-process-differences

「分離ワーカープロセス」を使用する関数アプリのプロジェクトは、Azure Functions Core Tools（P.49参照）に含まれる「funcコマンド」でオプションを指定することで作成します。「--worker-runtime」では、「分離ワーカープロセス」を使用することを指定します。「--target-framework」で、.NETのバージョンを指定します。

```
func init --worker-runtime dotnetIsolated --target-framework net7.0
```

 ## Azure Functionsの料金

　Azure Functionsで従量課金プランを使用する場合、関数によって使用されたメモリ量（GB）と、関数が実行された時間（秒）に応じた料金がかかります。たとえば、メモリ使用量0.5GB、実行時間1秒の関数を1回実行した場合、0.5*3 = 1.5（単位：GB秒）のように計算されます。また、実行回数（100万回の実行あたり）に対して、ごくわずかに料金が発生します。

　たとえば、メモリ使用量0.5GB、実行時間1秒の関数を、月に300万回実行する場合、月額料金は18USDとなります（2023年8月現在、公式の料金ページの例より）。本書に掲載したサンプルコードを数十回程度動かしてみるといった利用において、料金について心配する必要はほとんどありません。

- **参考：Azure Functionsの料金**

  https://azure.microsoft.com/ja-jp/pricing/details/functions/

Section 50 Azure Functions演習：画像のサムネイルを自動生成する関数

本演習では、サムネイル（縮小画像）を生成する関数を作成します。ストレージアカウントのBlobコンテナーに画像ファイルをアップロードすると、BlobトリガーによってAzure Functionsの関数が起動し、関数はその画像のサムネイルを生成します。サムネイルは、Blob出力バインドを使用して、別のBlobコンテナーに出力します。

本演習で作る関数の動作イメージ

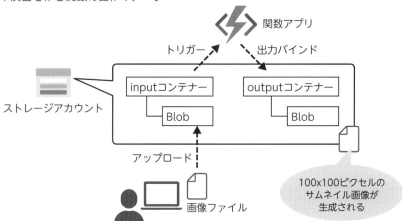

サムネイルの生成には「ImageSharp」の機能を使用します。このライブラリについては第4章ですでに使用方法を解説しています。

演習の準備：サンプルコードを開く

VS Codeで、サンプルコードの**「proj18-funcapp」フォルダー**を開きましょう。フォルダーの開き方とスクリプトの実行方法は、P.83を参照してください。

また、ソース全体やコマンドの完全な例は、このフォルダー内のファイルで確認してください。以下では、ソースやコマンドで特に重要な部分を抜粋して説明していきます。

8

Azure上でのコードの実行

Step 1：プロジェクトの作成

関数のプロジェクトの開発では、P.49でインストールしたAzure Functions Core Toolsの「func」コマンドを使用します。関数のプロジェクトを作成するには、**「func init」コマンド**を使います。

```
func init --worker-runtime dotnetIsolated \
--target-framework net7.0 --force
```

「func init」コマンドのオプション

オプション	概要
--worker-runtime	ランタイムの種類を指定
--target-framework	.NETのバージョンを指定

.NET 7のC#を使用して関数アプリを開発する場合は「分離ワーカープロセス」（dotnetIsolated）を使用する必要があります。

 ## Step 2：関数の作成

関数アプリのプロジェクトに、Blobトリガーを使用する関数「Thumbnail」を追加します。「-t」でトリガーの種類、「-n」で関数の名前を指定します。

```
func new -t 'BlobTrigger' -n 'Thumbnail'
```

 ## Step 3：パッケージの更新と追加

プロジェクトにすでに追加されているパッケージの更新と、必要なパッケージの追加を行います。

```
dotnet add package Microsoft.Azure.Functions.Worker --version 1.10.0
dotnet add package Microsoft.Azure.Functions.Worker.Sdk --version 1.7.0
dotnet add package Microsoft.Azure.Functions.Worker.Extensions.Storage \
    --version 5.0.1
dotnet add package SixLabors.ImageSharp --version 2.1.3
```

Step 4：Thumbnail.csのコーディング

関数のコーディングを行います。以下は、Thumbnail.cs内の、関数を定義している部分（Runメソッド）の抜粋です。

Thumbnail.cs

```
[Function("Thumbnail")]————————————————————①
[BlobOutput("output/{name}.png")]————————————②
public byte[] Run(
    [BlobTrigger("input/{name}.{ext}")] byte[] imageBytes,————③
    string name, string ext)
{
    _logger.LogInformation(
        "Processing: {name}.{ext}", name, ext);
    using var outputStream = new MemoryStream();————————④
    using var image = Image.Load(imageBytes);
    image.Mutate(context =>
        context.Resize(THUMB_SIZE, THUMB_SIZE));————————⑤
    image.SaveAsPng(outputStream);————————————⑥
    return outputStream.ToArray();————————————⑦
}
```

①関数名の宣言です。C#の属性である[Function("...")]を使用して、関数の名前を宣言します。**Azure Functions（C#）の関数ではこのような属性を使用して、関数として必要な情報をコード内に付与**します。

②出力バインドの宣言です。C#の属性である[BlobOutput("...")]を使用して、このメソッドの戻り値を、Blobのoutputコンテナーに PNGファイルとして出力することを指定しています。{name}の部分は、アップロードされた画像ファイルの名前に置換されます。

③トリガーの宣言です。C#の属性である[BlobTrigger("...")]を使用して、Blobのinputコンテナーにアップロードされたファイルを処理することを指定しています。続く引数のimageBytesはBlobのバイト列、nameはアップロードされたファイルの名前、extはアップロードされたファイルの拡張子となります。

④サムネイル画像出力用のメモリストリームを作成しています。

⑤アップロードされた画像からサムネイル画像を生成しています。

⑥サムネイル画像をPNG形式で出力します。

⑦生成したサムネイル画像のバイト列をこの関数の戻り値とします。出力バインドにより、このバイト列がBlobのoutputコンテナーにBlobとして出力されます。

8

Azure上でのコードの実行

Step 5：テスト用の画像を準備

このあとのステップで使用するJPEG画像を2枚用意します。本書のサンプル
コードにはcat.jpgとdog.jpgが含まれているのでそれを使用します。
コーディングは以上です。続いて、Azureリソースを作成していきます。

 ## Step 6：リソースグループの作成

本演習用のリソースグループを作成します。

```
az group create -n [ リソースグループ名 ] -l [ リージョン名 ]
```

 ## Step 7：Azureリソースのデプロイ

Azure Functionsのプランとアプリ、関数が使うストレージアカウントやBlob
コンテナーを作成します。
以下は、Bicepファイルの、Azure Functions関数プランを定義している箇所
の抜粋です。

main.bicep

```
resource hostingPlan 'Microsoft.Web/serverfarms@2021-03-01' = {————①
  name: planName————————————————————————————————②
  location: location————————————————————————————③
  sku: { name: 'Y1', tier: 'Dynamic' }——————————————④
}
```

①Azure Functions関数プランを作成します。
②プランの名前を指定します。
③リージョンを指定します。
④従量課金プランを使用する場合はこのように指定します。

また次は、Bicepファイルの、Azure Functions関数アプリを定義している箇
所の抜粋です。

main.bicep

```
resource funcApp 'Microsoft.Web/sites@2022-03-01' = {————①
  kind: 'functionapp'————————————————————————————②
  location: location——————————————————————————————③
  name: appName——————————————————————————————————④
  identity: { type: 'SystemAssigned' }——————————————⑤
  properties: {
    serverFarmId: hostingPlan.id——————————————————⑥
    siteConfig: {
      netFrameworkVersion: 'v7.0'——————————————————⑦
      appSettings: [
        {
          name: 'FUNCTIONS_WORKER_RUNTIME'
          value: 'dotnet-isolated'————————————————⑧
        }
        // ... 省略 ...
      ]
    }
  }
}
```

①Azure Functions関数アプリを作成します。

②関数アプリの場合はリソースの種類（Kind）を「functionapp」とします。

③リージョンを指定します。

④関数アプリの名前を指定します。

⑤関数アプリでシステム割り当てマネージドIDを有効化します。

⑥このアプリが使用するAzure Functions関数プランを指定します。

⑦関数アプリで.NET 7を使用します。

⑧関数アプリで「分離ワーカープロセス」を使用することを指定します。.NET 7のC#を使用して関数アプリを開発する場合は「分離ワーカープロセス」を使用する必要があります。

　Bicepを使用して、リソースグループにAzureリソースをデプロイします。ここでは、ローカルの関数のテストに必要なリソースを定義したmain.bicepをデプロイします。

8

Azure上でのコードの実行

235

```
az deployment group create \
-n [ デプロイ名 ] -g [ リソースグループ名 ] -f [Bicep ファイル名 ]
```

 Step 8：設定ファイルの作成

　関数が開発環境で実行される際に使用される、設定ファイル「local.settings.json」を作成します。

local.settings.json

```
{
  "IsEncrypted": false,
  "Values": {
    "AzureWebJobsStorage__accountName": " ストレージアカウント名 ",
    "FUNCTIONS_WORKER_RUNTIME": "dotnet-isolated"
  }
}
```

 Step 9：Blobにアクセスできるようになるまで待つ

　リソースのデプロイ後、ロールの割り当てが反映されるまで数分ほど時間がかかる場合があります。本書配布のサンプルコードを連続的に自動で実行するスクリプトでは、第3章でセットアップした補助ツールを使用して、アクセスができるようになるまでここで待機しています。

 Step 10：開発環境での関数のテスト

　ここで、関数アプリを開発環境で実行し、関数の動作を確認します。**開発中の関数は、「func start」コマンドで、ローカルでも実行できます。**以下のコマンドで、関数アプリをバックグラウンドジョブとして起動します。

```
func start &
```

　コマンドを実行すると、関数アプリのビルドが進行します。10秒ほど経過すると、次のようなログが画面に出力され、関数アプリが待機状態となります。

実行結果例

```
Functions:
        Thumbnail: blobTrigger
For detailed output, run func with --verbose flag.
[2023-01-22T18:18:49.852Z] Worker process started and initialized.
```

● Step 11：関数の動作（サムネイル生成）を確認

　続いて、以下のコマンドで、ストレージアカウントのinputコンテナーへ、テスト画像をアップロードします。テスト画像ファイルは、JPEG形式のものを使用する必要があります。本演習では、cat.jpgをアップロードします。

```
az storage blob upload -c input \
--account-name [ ストレージアカウント名 ] \
-f [ テスト画像ファイル名 ] \
--overwrite true --auth-mode login
```

　アップロードを行うと、数秒ほどで、関数が起動され、以下のようなログが出力されます。日時やIDなどは省略しています。

実行結果

```
Executing 'Functions.Thumbnail' (Reason='New blob detected: ...)
Processing: cat.jpg
Executed 'Functions.Thumbnail' (Succeeded, ...)
```

　「Executing 'Functions.Thumbnail'」で起動した関数、「Processing: cat.jpg」で処理されたBlobを確認できます。
　続いて、ストレージアカウントのoutputコンテナーから、生成されたサムネイル画像をダウンロードします。
　サムネイル画像のBlobのパスは、元の画像ファイルの拡張子を「png」としたものになります。たとえば、元の画像ファイルがcat.jpgの場合は、サムネイル画像はcat.pngとなります。

```
az storage blob download -c output \
--account-name [ ストレージアカウント名 ] \
-n [ サムネイル画像の Blob パス ] \
```

8

Azure上でのコードの実行

```
-f [ ダウンロード先のファイル名 ] \
--overwrite true --auth-mode login
```

「az storage blob download」コマンドのオプション

オプション	概要
-c	コンテナーを指定
-n	Blobのパスを指定
-f	ダウンロード先のパスを指定

fileコマンドを使用して、ダウンロードしたサムネイル画像「cat.png」の内容を確認すると、100x100ピクセルのPNG画像であることがわかります。

実行結果例

```
++ file cat.png
cat.png: PNG image data, 100 x 100, 8-bit/color RGB, non-interlaced
```

なお、VS Codeでcat.pngを表示して確認することもできます。

Step 12：関数を終了させる

以上で、開発環境での関数のテスト実行は完了です。バックグラウンドで起動した関数アプリのジョブを終了させます。

```
kill %1
```

Step 13：関数の発行

続いて、関数の発行を行います。つまり、**開発環境の関数のコードを、Azure Functions関数アプリへアップロードします。**

```
func azure functionapp publish [ 関数アプリ名 ]
```

これで、Azure上で関数が実行できる状態となりました。
Azure portalで関数アプリを表示すると、関数Thumbnailが発行されていることが確認できます。

Azure portalで関数を確認

関数 Thumbnail が
発行されている

 Step 14：Azureでの関数のテスト

では、Azure Functions上で待機している関数を動かします。ストレージアカウントのinputコンテナーに、テスト画像をアップロードします。コマンドはローカルでのテストの場合とまったく同じですが、今回は別の名前のテスト画像（たとえばdog.jpg）をアップロードします。

```
az storage blob upload -c input \
--account-name [ ストレージアカウント名 ] \
-f [ テスト画像ファイル名 ] \
--overwrite true --auth-mode login
```

数秒ほどで関数が実行され、ストレージアカウントのoutputコンテナーにサムネイル画像が生成されます。以下のコマンドで、生成されたサムネイル画像（たとえばdog.png）をダウンロードして確認します。

```
az storage blob download -c output \
--account-name [ ストレージアカウント名 ] \
-n [ サムネイル画像の Blob パス ] \
-f [ ダウンロード先のファイル名 ] \
--overwrite true --auth-mode login
```

Step 10（開発環境での関数のテスト）と同様、fileコマンドで、生成されたdog.pngを確認できます。

8

Azure上でのコードの実行

```
++ file dog.png
dog.png: PNG image data, 100 x 100, 8-bit/color RGB, non-interlaced
```

　Azure portalで参照すると、Step11のcat.png、本ステップのdog.pngが outputコンテナーに生成されていることがわかります。

Step 15：リソースグループの削除

　以上で、演習は終了です。本演習用のリソースグループを削除します。

```
az group delete -n [ リソースグループ名 ] -y
```

 ## まとめ

　本節では、関数アプリを使用して、Blobのアップロードのイベントに対応する 関数を作成しました。関数では、トリガーを使用することで、新しいデータが到着 したといったイベントに対応する処理を実行できます。また、関数では、トリガー やバインドを利用することで、Blobなどのデータの入出力も簡潔に記述できます。

　本章のサンプルでは、生成されるサムネイルの縦横のサイズは、ソースコード 内に定数として宣言しましたが、Azure App Configurationを使用すると、この ような設定値をAzure上で一元管理できます。これについては第10章で解説しま す。

Section 51

Azure Container Instances(ACI)とは

　本章では、Azure上で、コンテナーをすばやく実行できる Azure Container Instances（ACI）について解説します。本節で扱う「コンテナー」とは、Blob StorageやCosmos DBのコンテナーとは別のもので、仮想化技術の1種です。また、イメージのビルドと格納に使用するAzure Container Registry（ACR）についても解説します。

　ここまでは、コンソールアプリは、開発環境で実行していましたが、これらのアプリをコンテナー化することで、ACI、つまりAzure上でも実行できます。

● コンテナーとは

　Azure Container Instancesの説明をする前に、コンテナーが何かを解説しておきましょう。従来使われている仮想化技術の1つである「サーバー仮想化」では、1台の物理サーバーの上で、複数の仮想サーバーを実行します。仮想サーバーは、OS、ランタイム、アプリなどを含んでいます。基本的に、「サーバー仮想化」を利用するためには、物理サーバーに多くのリソース（メモリやCPU）が必要です。

　それに対して、最近の開発や運用でよく用いられるようになってきたのが「**コンテナー型仮想化**」です。コンテナー型仮想化とは、**アプリと、その実行に必要なランタイム、設定ファイルなどをまとめた「コンテナー」を使用する仮想化の方式**です。

コンテナー型仮想化

コンテナーA	コンテナーB
アプリケーション	アプリケーション

コンテナーエンジン

ホストOS

物理ハードウェア

8

Azure上でのコードの実行

コンテナー型仮想化には、以下のようなメリットがあるため、開発者にとって重要な技術となっています。

- コンテナーは、従来の仮想サーバーに比べて軽量なので、すばやく起動し、省メモリで動作します。
- コンテナーにはアプリの実行に必要なものがすべて含まれるため、開発環境、オンプレミス、クラウドなど、どの環境でも同じように動作することが期待できます。
- 複数のコンテナーを組み合わせて運用することも容易に実現できます。

コンテナーの開発と実行には多くの場合、**Docker（ドッカー）**と呼ばれるプラットフォームが使用されます。クラスター（サーバーの集まり）上で多数のコンテナーを運用するには多くの場合、**Kubernetes（クバネティス）**と呼ばれるシステムが使用されます。

 ## イメージとDockerfile

コンテナーの**イメージ**には、コンテナーの実行に必要なものがすべて含まれています。開発者は、**Dockerfile（ドッカーファイル）**というテキストファイルを使用して、コンテナーのイメージのビルド方法を定義します。以下は、単純なDockerfileの例です。

Dockerfileの例

```
FROM mcr.microsoft.com/dotnet/sdk:7.0
WORKDIR /app
COPY . .
ENTRYPOINT ["dotnet", "run"]
```

Dockerでは、**Dockerコマンドを使用して、Dockerfileに基づいてイメージをビルドしたり（docker buildコマンド）、イメージをコンテナーとして実行したり（docker runコマンド）します。**

 ## Azure Container Instancesとは

Azure Container Instances（以降、ACI）は、Azure上でコンテナーをすばやく実行できるサービスです。Webアプリやコンソールアプリなどをコンテナー

化して、ACI上にデプロイし、実行できます。コンテナーのイメージは、Docker
Hubや、Azure Container Registry (P.245参照) といったイメージを保管する
サービスから読み込まれます。

ACIの利用イメージ

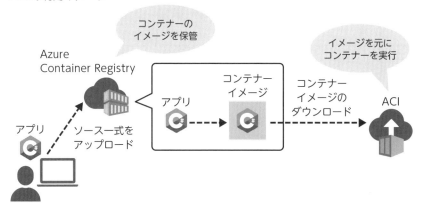

必要なインフラはAzure側で準備されるので、利用者が仮想マシンやソフト
ウェア (Docker、Kubernetesなど) を用意する必要はありません。

Azureでコンテナーを実行できるサービスは多数ありますが、その中でも、ACI
はシンプルでわかりやすいサービスです。なお、スケーリングやデプロイスロット、
組み込みの認証といった機能を使用したい場合はAzure App Serviceを使用しま
すが、それらの機能が不要である場合はACIを使用します。

⬤ ACIのリソース構成

ACIでは「**コンテナーグループ**」と呼ばれるリソースを作成し、その中で1つ以
上のコンテナーを実行します。コンテナーグループの操作は「az container」コマ
ンドで、行います。サブコマンド名が「container」となっていますが、これでコ
ンテナーグループの操作が行われます。

「**az container create」コマンド**で、コンテナーグループを作成し、コンテ
ナーの実行を開始します。このときに、実行するコンテナーのイメージや、コンテ
ナーグループに割り当てるCPU・メモリを指定します。多くのCPUやメモリを割
り当てるとよりコストがかかるため、必要な分だけのCPU・メモリを割り当てる
とよいでしょう。

8

Azure上でのコードの実行

コンテナーグループとコンテナーの関係

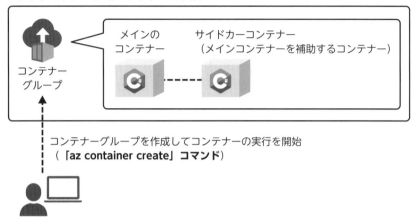

メインの
コンテナー

サイドカーコンテナー
（メインコンテナーを補助するコンテナー）

コンテナー
グループ

コンテナーグループを作成してコンテナーの実行を開始
（「az container create」コマンド）

　なお、コンテナーグループ内でコンソールアプリを実行した場合は、アプリの実行が終了すると、コンテナーグループが停止します（コンテナーグループを再起動しないように設定した場合）。一方、コンテナーグループ内でWebアプリを実行した場合は、Webアプリが稼働している間、コンテナーグループは実行中となります。

　不要となったコンテナーグループは**「az container delete」コマンド**で削除します。他のAzureリソースと同様、コンテナーグループが含まれるリソースグループを削除することで、コンテナーグループを削除することもできます。

● ACIの料金

　ACIでは、コンテナーグループが実行されている間、料金が発生します（コンテナーグループの中でいくつコンテナーを実行しても料金は変わりません）。料金は秒単位で測定されます。コンテナーグループを停止させるか、削除すると、料金の発生が停止します。例として、1CPU、1GBを割り当てたコンテナーグループを5分間実行した場合、0.0047ドルの料金がかかります。本書の演習を何度か行う程度では、料金はほとんどかからないはずです。

Azure Container Registryとは

Azure Container Registry（以降、ACR）は、プライベートなコンテナーレジストリを運用するためのサービスです。P.242で説明したコンテナーのイメージは、ACRのコンテナーレジストリに格納できます。コンテナーレジストリに格納されたイメージは、ACIなどのコンテナーを実行するサービスで利用できます。

イメージをあらかじめローカルなどでビルドし、ACRにプッシュすることもできますが、2018年に追加された**ACR Build**を使用すると、イメージのビルドをACR上で行い、結果をそのままACRに格納することが可能となりました。

ビルドを行うタスクの種類は2つあります。

- クイックタスク：「az acr build」コマンドで、ソースコードとDockerfileをACRに送信して、手動でビルドを実行します。
- 自動トリガータスク：Gitリポジトリへのコードのプッシュ、ベースイメージの更新、スケジュール設定をトリガーとして、自動的にビルドを実行します。

本書の演習ではクイックタスクを使用します。

ACRには、Basic、Standard、Premiumの3つのSKUがあります。ACRのリソース（コンテナーレジストリ）を作成する際に、いずれかのSKUを指定します。本書では最も単価が安いBasicを使用します。Basicでは、10GBのストレージを利用できます。

 ## ACRの料金

ACRの費用は日単位で測定され、本書で使用するBasicの場合は1日あたり0.167ドルの料金がかかります。また、ACR Buildでビルドを行うと、1秒あたり0.0001ドルの料金がかかります。ACIと同様、本書の演習を何度か行う程度では、料金はほとんどかからないはずです。

DockerとKubernetes

DockerとKubernetesについて、もうすこし補足しておきましょう。

Docker（ドッカー）は、コンテナー開発と実行のためのプラットフォームです。開発環境にDocker Desktopというソフトウェアを導入することで、Dockerを使用した開発を開始できます。dockerコマンドで、イメージのビルド、コンテナーの実行、コンテナーレジストリ（Docker Hubなど）を使用してイメージをプッシュ・プルするといった操作を行います。

Kubernetes（クバネティス）は、コンテナーオーケストレーターです。多数のコンテナーを運用するためのクラスター（複数のサーバーの組み合わせ）を作り、コンテナーをクラスター内に分散配置できます。コンテナーやクラスターのスケーリング、さまざまな方法でのデプロイ、負荷分散、停止してしまったコンテナーの再起動などを行います。クラスターの操作にはkubectlコマンドと、マニフェストと呼ばれるYAMLの定義ファイルを使用します。

ただし、Azureでは、通常、DockerやKubernetesを自分でセットアップする必要はありません。以下のようなマネージド型のサービスを活用できます。

要件と対応するAzureサービス

要件	Azureサービス
コンテナーを実行したい	Azure Container Instances（ACI）
コンテナーをビルドしたい、コンテナーイメージを格納・共有したい	Azure Container Registry（ACR）
Kubernetesクラスターを運用したい	Azure Kubernetes Services（AKS）
Kubernetesクラスターの運用はAzureにまかせて、Kubernetesの持つメリットを活用したい	Azure Container Apps

Section 52 ACI演習：コンテナーをAzure 上でビルドして実行する

それでは、ACIとACRを使用する演習を行います。本演習を通じて、コンソールアプリをDockerコンテナー化する方法、コンテナーのイメージをACRでビルドして格納する方法、コンテナーをACI上で実行する方法を理解できます。

 演習の準備：サンプルコードを開く

VS Codeで、サンプルコードの**「proj19-container」フォルダー**を開きましょう。フォルダーの開き方とスクリプトの実行方法は、P.83を参照してください。

また、ソース全体やコマンドの完全な例は、このフォルダー内のファイルで確認してください。以下では、ソースやコマンドで特に重要な部分を抜粋して説明していきます。

 Step 1：プロジェクトの作成

コンソールアプリのプロジェクトを作成します。なお、このプロジェクトでは、ConsoleAppFrameworkは使用せず、パッケージの追加も不要です。

```
dotnet new console --force
```

Step 2：Program.csのコーディング（バージョン1.0.0）

ここでは、コマンドのバージョン番号と、現在の日時を表示する簡単なプログラムを作成します。最初のバージョンは1.0.0とします。なお、Step 8では、このコードに修正を加え、バージョンを1.0.1とします。

Program.csを以下のように変更します。

Program.cs

```
Console.WriteLine("version 1.0.0");
var now = DateTime.UtcNow.AddHours(9);
Console.WriteLine(now);
```

8

Azure上でのコードの実行

Step 3：ローカルでテスト実行（1回目、1.0.0）

ファイルを保存し、「dotnet run」コマンドで、実行します。バージョン番号「version 1.0.0」と、プログラム実行の日時が表示されます。

実行結果例

```
version 1.0.0
2023/07/03 19:40:55
```

なお、日時はDateTime.UtcNowで取得されるUTC（協定世界時）にAddHoursを使うことで9時間を足して、JST（日本標準時）としています。

 ## Step 4：Dockerfileのコーディング

次はDockerfileを作成します。スクリプト実行であれば、Dockerfileは自動で作成されますが、ここではDockerfileを手動で作成する方法も解説しておきましょう。

VS Codeのコマンドパレットから「Docker: Add Docker Files to Workspace...」を選択します（この機能はVS Codeの「Docker」拡張機能により提供されます）。

続いてDockerfileを作成するための質問に以下のように答えます。

Dockerfile作成時の質問

質問	入力する値
Select Application Platform	.NET: Core Console
Select Operating System	Linux
Include optional Docker Compose files?	No

すると、コンソールアプリ用のDockerfileが生成されます。このファイルでは、FROMを複数回使用する「マルチステージビルド」と呼ばれるDockerの機能が使用されています。本書ではこれらの解説は省略しますが、詳しくは次のサイトで確認するとよいでしょう。

- **Dockerfileリファレンス**

  https://docs.docker.jp/engine/reference/builder.html
- **マルチステージビルドを使う**

  https://docs.docker.jp/develop/develop-images/multistage-build.html

 ## Step 5：.dockerignoreの作成

イメージのサイズは小さいほうがよいので、.dockerignoreファイルを作成し、Dockerイメージに含める必要がないファイルのパターンを設定します。なお、実際には、このファイルはStep 4で生成されています。

.dockerignoreファイルの内容（抜粋）

```
**/.vscode
**/bin
**/obj
**/Dockerfile*
```

 ## Step 6：Azureリソースを作成

Bicepファイルを使用してAzureリソースを定義します。以下は、Bicepファイルの、ACRのリソース（コンテナーレジストリ）を定義している箇所の抜粋です。

main.bicep

```
resource containerRegistry 'Microsoft.ContainerRegistry/registries ↵
@2022-02-01-preview' = {
  location: location // リージョン
  name: containerRegistryName // コンテナーレジストリ名
  sku: { name: 'Basic' } // コンテナーレジストリの SKU
}
```

また同時に、Bicepファイルで、AcrPullロールを割り当てた「ユーザー割り当てマネージドID」を作成しておきます。**AcrPullロール**とは、ACRからイメージをプルするための権限のことです。ACIコンテナーグループの作成時、そのコンテナーグループに対し、このIDを割り当てします。すると、コンテナーグループでは、ACRコンテナーレジストリからイメージをプル（受信）することができます。

8

Azure上でのコードの実行

本演習用のリソースグループを作成し、Bicepを使用して、リソースグループに
Azureリソースをデプロイします。

```
# リソースグループを作成
az group create -n [ リソースグループ名 ] -l [ リージョン名 ]

# リソースを作成
az deployment group create \
-n [ デプロイ名 ] -g [ リソースグループ名 ] -f [Bicep ファイル名 ]
```

なお、ACIのコンテナーグループは、Bicepで作成することもできますが、今回
の演習では、2つのバージョンをデプロイする必要があるため、コマンドで作成し
ます。

● Step 7：コンテナーのビルドと実行（最初のバージョン）

「az acr build」コマンドを使用して、現在のプロジェクトのソースコード一式
とDockerファイルをACRのコンテナーレジストリに送信してビルドします。

「az acr build」コマンド

「**az acr build**」コマンドで
ソース一式とDockerfileをアップロード

ビルドされたイメージはACRのコンテナーレジストリに格納されます。「-r」で
コンテナーレジストリ名を指定します。「-t」で、このイメージに「date:1.0.0」と
いう名前とバージョン番号（タグ）を付けます。「:」より後ろの部分は**タグ**であり、
バージョン番号などを付与して、イメージを区別できます。

```
az acr build -r [ACR コンテナーレジストリ名 ] -t date:1.0.0 .
```

ビルドが終わると「Run ID: ce1 was successful after 54s」といったメッ
セージが表示されます。

8

実行結果例

```
Run ID: ce1 was successful after 54s
```

続いて、「**az container create**」**コマンド**で、ACIのコンテナーグループを作り、イメージをコンテナーとして実行します。

「az container create」コマンド

「**az container create**」**コマンド**でコンテナーグループを作り、イメージをコンテナーとして実行

```
az container create -n date \
-g [ リソースグループ名 ] --restart-policy Never \
--image [ACR コンテナーレジストリ名 ].azurecr.io/date:1.0.0 \
--assign-identity [ ユーザー割り当てマネージド ID] \
--acr-identity [ ユーザー割り当てマネージド ID]
```

「az container create」コマンドで指定するオプション

オプション	設定する内容
-n	コンテナーグループ名
-g	リソースグループ名
--restart-policy	再起動ポリシー（Neverの場合は再起動しない）
--image	イメージの場所
--assign-identity	ユーザー割り当てマネージドID（ACRのコンテナーレジストリからイメージのプル（受信）を行うためのロールを割り当てた「ユーザー割り当てマネージドID」をACIコンテナーグループに割り当てるため）
--acr-identity	ユーザー割り当てマネージドID（ユーザー割り当てマネージドIDをイメージのプルに使用するようにするため）

実行が完了するまで、少し時間がかかります。実行が完了したら、「**az container logs**」**コマンド**で、実行結果のログを取得します。「-n」でACIコンテナーグループ名、「-g」でリソースグループ名を指定します。

8

Azure上でのコードの実行

```
az container logs -n date -g [ リソースグループ名 ]
```

上記のコマンドを実行すると、バージョン 1.0.0 と、02/05/2023 00:26:03 といった、コンテナーグループのログが表示されます。これは、コンテナー内で実行されたコンソールアプリから出力されたものです。このログが出力されれば、コンテナーのビルドと実行は正常にできています。

実行結果例

```
version 1.0.0
02/05/2023 00:26:03
```

 Step 8 : コンテナーのビルドと実行(バージョンアップ)

ローカルで実行したプログラムが出力する日時の形式は「年 / 月 / 日 時:分:秒」ですが、ACI上で実行されたプログラムが出力する日時の形式は「月 / 日 / 年 時:分:秒」と、年月日の順が異なっています。ACI上で実行した場合も「年 / 月 / 日 時:分:秒」となるように、コードで明示的に形式を指定するようにします。まずコードを以下のように書き直します。この修正は、バグフィックスと位置づけることとし、パッチバージョンを上げて、1.0.1 とします。

Program.cs

```
Console.WriteLine("version 1.0.1");
var now = DateTime.UtcNow.AddHours(9)
  .ToString("yyyy/MM/dd HH:mm:ss");
Console.WriteLine(now);
```

 Step 9 : ACRでイメージをビルド(2回目、1.0.1)

一度「dotnet run」コマンドでプログラムの動作を確認してから、再度、ACRでのビルド、ACIでの実行をします。コマンドは先ほどと同様ですが、イメージのタグを「date:1.0.1」としています。

```
az acr build -r [ACR コンテナーレジストリ名 ] -t date:1.0.1 .
```

Step 10：ACIでコンテナーを実行（2回目、1.0.1）

ACIでコンテナーを実行します。

```
az container create -n date \
-g [ リソースグループ名 ] --restart-policy Never \
--image [ACR コンテナーレジストリ名 ].azurecr.io/date:1.0.1 \
--assign-identity [ ユーザー割り当てマネージド ID] \
--acr-identity [ ユーザー割り当てマネージド ID]
```

 ## Step 11：ACIのログを取得（2回目、1.0.1）

ACIのログを取得します。

```
az container logs -n date -g [ リソースグループ名 ]
```

　上記のコマンドを実行すると、バージョン1.0.1と、2023/02/05 00:38:59といった、コンテナーグループのログが表示されます。このログから、コンテナーの新しいバージョンが実行されたことと、日時の形式のバグが修正されたことが確認できます。

実行結果例

```
version 1.0.1
2023/02/05 00:38:59
```

 ## Step 12：再実行（3回目、1.0.1）とログ取得

　プログラムの実行が完了すると、コンテナーグループは停止しますが、リソースはまだAzureに残っています。「az container start」コマンドで、停止したコンテナーグループを再び起動できます。
　少し時間をおいてから、再度コンテナーの実行とログ取得を行います。

```
az container start -n date -g [ リソースグループ名 ]
az container logs -n date -g [ リソースグループ名 ]
```

　すると、バージョン1.0.1と、2023/02/05 00:40:12といった結果が得られます。バージョンは前と同じですが、コンテナーがもう一度実行されたため、時刻が変化しているのが確認できます。

8

Azure上でのコードの実行

```
実行結果例
version 1.0.1
2023/02/05 00:40:12
```

 ## Step 13：リソースグループを削除

以上で、演習は終了です。本演習用のリソースグループを削除します。

```
az group delete -n [ リソースグループ名 ] -y
```

 ## まとめ

　本演習を通じて、コンソールアプリをコンテナー化し、Azure上で実行する方法を学びました。本演習では、コード自体はとても単純な例としつつ、ACIでの実行の方法に焦点を当てました。アプリのコンテナー化も、VS CodeのDockerfile生成機能や、ACRのビルド機能を利用して、比較的簡単に実行できるようになっています。また、コードを修正した際に、どのようにして再デプロイ・再実行するのかも理解できました。最後のステップでは、コードを特に修正することなく、コンテナーを再実行できることを確認しました。

Column ### .NET SDKのビルトインコンテナーサポート

　「dotnet publish」は、アプリをさまざまな実行環境に向けてコンパイルし、デプロイするためのファイル一式を準備するコマンドです。.NET 7のSDKで追加された「ビルトインコンテナーサポート」により、「dotnet publish」コマンドで、Dockerイメージをビルドできるようになりました。これを使用することで、基本的なケースでは、開発者はDockerfileを記述せずに、イメージをビルドできるようになります。この機能は、ローカル開発や、CIパイプラインでの利用が想定されています。

　なお現時点では、テンポラリのパッケージ追加が必要、ローカルのDocker（Docker Desktopなど）が必要、Linux-x64 アーキテクチャにのみ対応、といった制約があります。

- **Built-in container support for the .NET SDK**
  https://devblogs.microsoft.com/dotnet/announcing-builtin-container-support-for-the-dotnet-sdk

Chapter 9

Azureを使用した
アプリの監視

本章では、Azureのモニタリングサービスの概要と、Application
Insightsについて解説します。また演習ではApplication Insights
を使用したコンソールアプリとWebアプリの監視を行います。

53

Azureのモニタリング（監視）サービス

本章では、アプリからのAzure利用パターン（P.14参照）のうち、「Azureを使用してアプリを監視する」について解説します。まずはAzureのモニタリング（監視）サービスにはどのようなものがあるかについて解説していきましょう。

モニタリング（監視）とは

一般に、**アプリやシステムを大規模に運用する際には、モニタリング（監視）が欠かせません。**モニタリングを行うことで、リソースの稼働状況や使用状況を把握できます。また、ボトルネックを検出して性能を改善したり、ログを記録して分析したりできます。

Azureのモニタリング（監視）サービス

Azureには多数のモニタリングのサービスがあります。ここでは主なモニタリングサービスについて解説します。

Azureの主なモニタリングサービス

サービス	概要
Azure Monitor	Azureリソースの監視を行う
Application Insights	アプリの監視を行う
Log Analytics	ログデータの収集・分析を行う

なお、製品の分類としては、Application InsightsやLog Analyticsは、Azure Monitorの一部とされています。

Azure Monitor

App Service、Azure FunctionsといったAzureリソースレベルの監視には**Azure Monitor**を使用します。たとえば、App Serviceプランで使用されているCPU、メモリ、ネットワーク、ディスクなどの監視を行えます。ただし、リソースの内部で稼働しているアプリなどの監視には、Application Insightsを使用します。

Azure MonitorとApplication Insights

集められたデータ（**メトリック**）はグラフとして表示できます。

Azure Monitorで仮想マシンのメトリックを表示する例

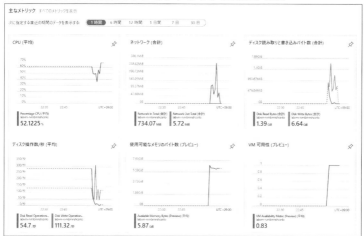

また、特定のしきい値を超えた場合に管理者に通知したりAzure Functionsを起動したりすることができます。これには、Azure Monitorの「**アラート**」機能を用います。

9

Azureを使用したアプリの監視

Application Insights

　Azureで稼働しているアプリの監視には**Application Insights**を使用します。たとえば、アプリが受信している要求（リクエスト）のレート、リクエストの処理時間（レイテンシ）、アプリから外部サービス（データベースなど）への接続状況などの監視を行えます。また、アプリの独自のイベントやログをApplication Insightsに送信して記録することも可能です。なお、Application Insightsは、**Azureの外部（たとえばオンプレミスのサーバーや別のクラウド環境）で稼働するアプリのモニタリングも可能です。**

　Application Insightsに集められた情報は、さまざまな形で確認できます。以下は「トランザクションの検索」画面です。開発者や運用担当者は、この情報を利用して、アプリの利用状況を把握したり、発生したエラーの詳細を確認したりできます。

Application Insightsの「トランザクションの検索」画面

　また、「**ライブメトリック**」では、Webアプリなどに対するリクエストや例外の状況、発生したイベントなどを、ほぼリアルタイムで確認できます。

Application Insightsのライブメトリック

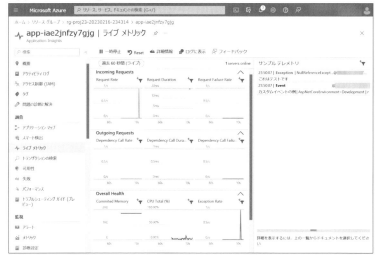

本章の2つの演習では、コンソールアプリとWebアプリに、Application Insightsの組み込み(インストルメンテーション)を行います。

 Log Analytics

Log Analyticsはログのクエリ(検索や集計)を行うツールです。「**Log Analyticsワークスペース**」というリソースを作成し、そこにログが送信されるように設定することで、ワークスペースにログが蓄積されます。これを「**診断設定**」といいます。

たとえば、Azureサブスクリプションの操作履歴である「アクティビティログ」がLog Analyticsワークスペースに送信されるように設定できます。

Log Analyticsへの「アクティビティログ」の送信

Log Analyticsワークスペースに蓄積されたログは「**Kusto Query Language**」(**KQL**)という専用のクエリ言語を用いて分析(検索、集計、グラフ化)ができます。

9

Azureを使用したアプリの監視

259

Log Analyticsワークスペースのログの例

　ちなみに、Application Insightsなどの一部のAzureサービスは、内部的に、Log Analyticsを使用しています。

 # モニタリングサービスの料金

　メトリックやアクティビティログの収集など、自動的に有効になるAzure Monitorの機能は、無料で提供されます。

　ただし、Log AnalyticsとApplication Insightsでは、取り込むデータに対して課金されます。

　詳しくは公式の料金ページを確認してください。

• Azure Monitorの料金

https://azure.microsoft.com/ja-jp/pricing/details/monitor/

Application Insightsとは

ここでは、アプリ自体のモニタリングを行うサービスである、Application Insightsについて解説します。

Application Insightsとは

Application Insightsは、アプリの監視を行うAzureサービスです。アプリからApplication Insightsに「**テレメトリ**」と呼ばれる監視情報を送信できます。開発者は、Azure portalを使用して、Application Insightsに集まった情報をさまざまな角度から分析できます。

Application Insightsの利用イメージ

Application Insightsを使用すると、モバイルアプリ、Webアプリ、Web API、関数アプリ、コンテナーアプリ、コンソールアプリなど、さまざまな種類のアプリやシステムを監視できます。**監視対象のアプリが稼働する場所は、Azure内（App Serviceなど）でも、Azure外（オンプレミス、インターネット、他のクラウド環境など）でもかまいません。**

インストルメンテーション（監視の有効化）

Application Insightsによる監視を有効化することを「**インストルメンテーション**」（instrumentation）といいます。インストルメンテーションには、自動と手動の2種類の方法があります。

インストールメンテーションの種類

種類	概要
自動インストールメンテーション	アプリのコードを変更することなく、監視を有効にする方法。App Service、Azure Functionsなどで利用でき、各リソースの設定で監視を有効化するだけですぐに利用できる
手動インストールメンテーション	アプリにApplication Insights SDKを組み込み、コードから明示的に監視データ (テレメトリ) を送信する方法。より詳細な監視が実現できる

手動インストールメンテーションは、自動インストールメンテーションが利用できる環境でも、その他の環境 (ローカル開発環境やオンプレミスのサーバー上など) でも利用できます。本書では手動インストールメンテーションについて解説します。

 ## Application Insightsのリソース

Application Insightsを使うには、Azureで「**Application Insights**」リソースを作成します。アプリの監視情報はここに収集され、その情報はさまざまな角度で表示、分析が行えます。

 ## Application Insightsの接続文字列

Application Insightsリソースを作成すると、アプリからそのリソースに情報を送信するための「インストールメンテーションキー」と「接続文字列」が入手できます。アプリには、このどちらかを設定します。以前はインストールメンテーションキーが使用されていましたが、**現在は接続文字列の使用が推奨されています**。本書では「接続文字列」を使用します。

 ## 「ローカル認証」の無効化

アプリは接続文字列を使用すればテレメトリをApplication Insightsへ送信できます。これを「**ローカル認証**」といいますが、セキュリティを強化するために、ローカル認証を無効化するオプションが、Application Insightsには用意されています。「ローカル認証」を無効とした場合は、アプリがテレメトリを送信するために、接続文字列を使用することに加え、アプリがAzure ADを使用して認証されること (サービスプリンシパルやマネージドIDを使用して認証すること) と、アプリが使用するIDに「Monitoring Metrics Publisher (監視メトリック発行者)」を割り

当てることが必要となります。

ローカル認証の有効・無効

ローカル認証	テレメトリの送信に必要なもの
有効 (デフォルト)	接続文字列
無効	接続文字列、Azure AD認証、ロールの割り当て

「ローカル認証」は、Application Insights作成後、Azure portalで、Application Insightsリソースを表示し、[構成] - [プロパティ] - [ローカル認証 (クリックして変更)] - [無効] で無効化できます。

 ## Application Insights SDK

Application Insights SDK は、手動インストルメーションを行う際に必要なライブラリであり、Application Insightsに監視情報を送信する機能を提供します。アプリにApplication Insights SDKを組み込み、SDKのメソッドを使用すれば、Application Insightsへテレメトリを送信できます。

 ## テレメトリチャネル

Application Insights SDKは内部で「**テレメトリチャネル**」(Telemetry channels) と呼ばれるオブジェクトを使用して、テレメトリのバッファリング (一時的な蓄積) と送信を行うことで、テレメトリ送信処理を効率化しています。

Application Insights SDKが提供するテレメトリチャネル

テレメトリチャネルの種類	概要
InMemoryChannel	メモリを使用する軽量なチャネル。メモリ内にバッファリングされ、30秒ごと、または500項目がバッファー処理されるごとにフラッシュ (掃き出し、送信) される
ServerTelemetryChannel	再試行ポリシーとローカルディスクへのデータ保存機能を備えた、高信頼性のチャネル

デフォルトはInMemoryChannelであり、アプリが終了する際、バッファー内のテレメトリが確実に送信されるよう、フラッシュを明示的に実行する必要があります。フラッシュの実行については、本書のコード例で解説します。

Section 55

Application Insights演習①：コンソールアプリのモニタリング

　本節では、Application Insightsを使用して、ローカルにあるコンソールアプリのモニタリングを行います。このアプリのテスト用コマンドを実行すると、テレメトリがApplication Insightsへと送信され、記録されます。

本演習で作るコンソールアプリの動作イメージ

本演習で作成する
コンソースアプリ

カスタムイベントを送信

```
dotnet run test-event
```

ログを送信

```
dotnet run test-logging
```

Application Insights

　テレメトリはApplication Insightsの「トランザクションの検索」画面（P.258参照）で表示されます。なお、アプリからテレメトリが送信されてから、Application Insightsでそれが表示されるまで、数分程度かかることに気をつけてください。

 ## 演習の準備：サンプルコードを開く

　VS Codeで、サンプルコードの**「proj20-appinsights-console」フォルダー**を開きましょう。フォルダーの開き方とスクリプトの実行方法は、P.83を参照してください。

　また、ソース全体やコマンドの完全な例は、このフォルダー内のファイルで確認してください。以下では、ソースやコマンドで特に重要な部分を抜粋して説明していきます。

 ## Step 1：プロジェクトの作成

　「dotnet new worker」コマンドで、プロジェクトを作成します。

```
dotnet new worker --force
rm {Program,Worker}.cs; touch {Program,Commands}.cs
```

Step 2：パッケージの追加

プロジェクトに、必要なパッケージを追加します。

```
# ConsoleAppFramework
dotnet add package ConsoleAppFramework --version 4.2.4
# Azure Active Directory 認証クライアント
dotnet add package Azure.Identity --version 1.8.1
# Application Insights のクライアント
dotnet add package Microsoft.ApplicationInsights.WorkerService \
    --version 2.22.0-beta2
```

Step 3：Program.csのコーディング

アプリの起動部分を記述します。

Program.cs

```
using Microsoft.ApplicationInsights.Extensibility;
using Azure.Identity;

ConsoleApp.CreateBuilder(args)
.ConfigureServices((context, services) =>
{
    services.Configure<TelemetryConfiguration>(config =>───────①
    {
        var cred = new DefaultAzureCredential();
        config.SetAzureTokenCredential(cred);───────②
    });
    services.AddApplicationInsightsTelemetryWorkerService();───③
})
.ConfigureLogging((context, logger) =>
{
    logger.AddApplicationInsights();───────④
})
.Build().AddCommands<Commands>().Run();
```

9

Azureを使用したアプリの監視

①Application Insightsの設定を保持するTelemetryConfigurationオブジェクトをDIコンテナーに登録します。

②Azure AD認証を使用するため、TelemetryConfigurationにDefault AzureCredentialオブジェクトをセットします。

③Application InsightsサービスをDIコンテナーに追加します。

④ログをApplication Insightsに出力するためのロガーを追加します。

なお、TelemetryConfigurationは自動的に.NET構成のApplicationInsights: ConnectionStringというキーの値を接続文字列として使用します。異なるキーを使用する場合などには、services.Configureに渡すデリゲート「config => { ... }」の中で、以下のように明示的に接続文字列を設定できます。

```
config.ConnectionString = context.Configuration[" 接続文字列のキー "];
```

 Step 4：Commands.csのコーディング

コマンドのメソッドを記述するためのクラスを作成します。

Commands.cs

```
using Microsoft.ApplicationInsights;

class Commands : ConsoleAppBase, IAsyncDisposable
{
    private readonly TelemetryClient _tc;
    private readonly ILogger<Commands> _logger;
    public Commands(TelemetryClient tc, ILogger<Commands> logger) =>
      (_tc, _logger) = (tc, logger);
    // ここにメソッドを追加します
}
```

続いて、このクラスに3つのメソッドを追加します。

まず、カスタムイベント（アプリの特定の動作や、ユーザーのアプリに対する特定の操作を表すイベント）を送信するメソッドを追加します。Application Insights SDKのTelemetryClientのTrackEventメソッドを使用して、カスタムイベントを送信します。ここでは、コマンドが呼び出された、という情報をイベントとして送信しています。第1引数はイベント名（任意の文字列）、第2引数に

は、任意のキーと値を含むC#のDictionaryを指定できます。

```csharp
public void TestEvent() =>
    _tc.TrackEvent(" コマンドの呼び出し ",
        new Dictionary<string, string>
        {
            { "commandName", nameof(TestEvent) }
        });
```

　次に、例外の情報を含むログを送信するメソッドを追加します。.NET標準の
ILoggerのメソッドでログを出力すると、そのログがApplication Insightsにも
送信されます。ここではテストとして、意図的に例外を発生させ、その例外の情報
を含むログを出力しています。

```csharp
public void TestLogging()
{
    try
    {
        throw new NullReferenceException(" これはテストです ");
    }
    catch (Exception e)
    {
        _logger.LogError(e,
            " コマンド {} の実行中にエラーが発生しました ",
            nameof(TestLogging));
    }
}
```

　最後にDisposeAsyncメソッドを実装します。このメソッドは、コマンドの実
行後に、ConsoleAppFrameworkによって自動的に呼び出されます。メソッドの
中ではTelemetryClientのFlushAsyncを実行して、フラッシュ（掃き出し。メ
モリバッファーに蓄積されたテレメトリデータをApplication Insightsに送信す
る）を行います。**コンソールアプリの場合、この処理がないと、テレメトリデータ
が正しく送信されないので注意が必要です。**

```csharp
public async ValueTask DisposeAsync() =>
    await _tc.FlushAsync(default);
```

　コーディングは以上です。続いて、Azureリソースを作成していきます。

Step 5：Azureリソースの作成

　Bicepファイルを使用してAzureリソースを定義します。

　Application Insightsは、内部的に「Log Analyticsワークスペース」を使用します。Bicepでリソースを作成する場合は、明示的に「Log Analyticsワークスペース」リソースを作成し、Application Insightsリソースと関連付ける必要があります。

　以下は、Bicepファイルの、Application Insightsリソースを定義している箇所の抜粋です。

main.bicep

```
// Application Insights
resource applicationInsights 'Microsoft.Insights/components ↵
@2020-02-02' = {
  name: applicationInsightsName // リソース名
  location: location // リージョン
  kind: 'other' // アプリケーションの種類 'web','other' など
  properties: {
    // Log Analytics ワークスペース
    WorkspaceResourceId: logAnalyticsWorkspace.id
    Application_Type: 'other' // アプリケーションの種類
    DisableLocalAuth: true // ローカル認証を無効化
  }
}
```

　本演習用のリソースグループを作成し、Bicepを使用して、リソースグループにAzureリソースをデプロイします。

```
# リソースグループを作成
az group create -n [ リソースグループ名 ] -l [ リージョン名 ]

# リソースを作成
az deployment group create \
-n [ デプロイ名 ] -g [ リソースグループ名 ] -f [Bicep ファイル名 ]
```

 Step 6：設定ファイル「appsettings.json」の作成

Application Insightsへの接続に必要な接続文字列を設定ファイルに記述しま

す。この設定ファイルは.NETの構成ソースの一部となります。

appsettings.json

```
{
  "ApplicationInsights": {
    "ConnectionString": " 接続文字列 "
  }
}
```

 Step 7：アプリの実行（イベントとログの送信）

作成したコマンドを実行します。

```
dotnet run test-event # イベントを送信
dotnet run test-logging # ログを送信
```

「test-event」コマンドは、Application Insightsにカスタムイベントを送信します。また、「test-logging」コマンドは「コマンド Testの実行中にエラーが発生しました」「System.NullReferenceException:...」といったログメッセージを出力しますが、この例外はコマンド内部で意図的に発生させているものです。この例外の情報が含まれたログも、Application Insightsにとして送信されます。

このコマンドの実行には、多少時間がかかります。

 Step 8：実行結果を手動で確認

Azure portal（https://portal.azure.com/）を開きます。画面上部の入力欄で「Application Insights」と検索して、Application Insightsのリソース一覧を表示したら、以下の操作を行います。

❶Application Insightsのリソース一覧でApplication Insightsのリソースをクリック

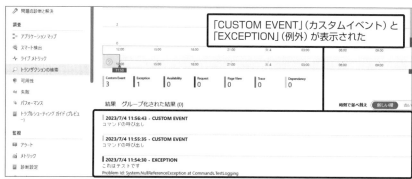

コマンドを実行してから、そのコマンドで送信されたトランザクション（「CUSTOM EVENT」と「EXCEPTION」）がAzure portalに表示されるようになるまで、数分程度のタイムラグ（遅延）があります。少し間を開けて［最新の情報に更新］をクリックしてください。

Step 9：リソースグループの削除

以上で、演習は終了です。本演習用のリソースグループを削除します。

```
az group delete -n [ リソースグループ名 ] -y
```

まとめ

ここでは、コンソールアプリでApplication Insightsを使用して、テレメトリ（カスタムイベント）とログ（例外）を送信しました。開発者や運用担当者は、Azure portalのApplication Insightsの画面を使用して、コマンドの起動状況や、

そこで発生しているエラーを監視できます。

Column ● **ログの重大度を指定する方法**

　ロ グ の 重 大 度 に は、Trace、Debug、Information、Warning、Error、Criticalがあり、Criticalが最も重大です。ApplicationInsightsのデフォルトでは、Warning以上の重大度のログのみが記録されます。appsettings.jsonを使用して、記録するレベルを指定できます。以下は、重大度レベルをInformationに指定する例です。

appsettings.json

```
{
  "Logging": {
    "ApplicationInsights": {
      "LogLevel": {
        "Default": "Information" ?————— 重大度レベルの設定
      }
    }
  }
}
```

各重大度の意味や使い分けについては以下を参照してください。

• ログの重大度レベル（**LogLevel**列挙型）
https://learn.microsoft 9 .com/ja-jp/dotnet/api/microsoft.
extensions.logging.loglevel

Section 56

Application Insights演習②：
Webアプリのモニタリング

　続いて、本節では、Application Insightsを使用して、ローカルにあるWebアプリのモニタリングを行います。

　このWebアプリを実行し、Webブラウザからアクセスすると、リクエスト（REQUEST）、カスタムイベント（CUSTOM EVENT）、例外（EXCEPTION）などのトランザクションが記録されます。

本演習で作るWebアプリの動作イメージ

Webアプリ

カスタムイベントや
ログ、例外を送信

Application Insights

 ## 演習の準備：サンプルコードを開く

　VS Codeで、サンプルコードの**「proj21-appinsights-web」フォルダー**を開きましょう。フォルダーの開き方とスクリプトの実行方法は、P.83を参照してください。

　また、ソース全体やコマンドの完全な例は、このフォルダー内のファイルで確認してください。以下では、ソースやコマンドで特に重要な部分を抜粋して説明していきます。

 ## Step 1：プロジェクトの作成

　「dotnet new webapp」コマンドで.NETのWebアプリプロジェクトを作成します。

```
dotnet new webapp --force
```

Step 2：パッケージの追加

プロジェクトに、必要なパッケージを追加します。

```
# Azure Active Directory 認証クライアント
dotnet add package Azure.Identity --version 1.8.1
# ApplicationInsights のクライアント（ASP.NET Core Web アプリ用）
dotnet add package \
    Microsoft.ApplicationInsights.AspNetCore --version 2.22.0-beta2
# ApplicationInsights のクライアント（パフォーマンスカウンター）
dotnet add package \
    Microsoft.ApplicationInsights.PerfCounterCollector \
    --version 2.22.0-beta2
```

 Step 3：Program.csのコーディング

アプリの起動部分をカスタマイズします。ファイルの冒頭では、必要な名前空間を指定します。また、Webアプリのビルダー(builder) を作成するコードに続いて、Application Insightsにテレメトリを送信するために必要なコードを記述します。

Program.cs

```
// 追加ここから
using Microsoft.ApplicationInsights.Extensibility;
using Azure.Identity;
// 追加ここまで


var builder = WebApplication.CreateBuilder(args);


// 追加ここから
builder.Services.AddApplicationInsightsTelemetry();━━━━━━①
builder.Logging.AddApplicationInsights();━━━━━━②
builder.Services.Configure<TelemetryConfiguration>(config =>━━━③
    config.SetAzureTokenCredential(new DefaultAzureCredential())
);
// 追加ここまで


// ... 後略 ...
```

①Application Insightsによるテレメトリの収集を行うようにします。
②Application Insightsによる、アプリのログの収集を行うようにします。
③Application Insightsへのデータ送信に使用する認証情報を設定します。

 Step 4：Index.cshtml.csのコーディング

　Webアプリのトップページへのリクエストを処理するコードを変更して、トップページへのアクセス時にカスタムイベントとログがApplication Insightsへ送信されるようにします。

Index.cshtml.cs

```csharp
using Microsoft.ApplicationInsights;————————①
using Microsoft.AspNetCore.Mvc;
using Microsoft.AspNetCore.Mvc.RazorPages;

namespace proj23_appinsights_webapp.Pages;

public class IndexModel : PageModel
{
    private readonly TelemetryClient _tc;————————②
    private readonly ILogger<IndexModel> _logger;

    public IndexModel(ILogger<IndexModel> logger, TelemetryClient tc) =>
        (_logger, _tc) = (logger, tc);
    public void OnGet()————————————————③
    {
        _tc.TrackEvent(" カスタムイベントの例 ",
            new Dictionary<string, string>
            {
                { "methodName", nameof(OnGet) }
            });
        try
        {
            throw new NullReferenceException(" これはテストです ");
        }
        catch (Exception e)
        {
            _logger.LogError(e, "IndexModel で捕捉した例外 ");
```

```
      }
   }
}
```

①Application Insightsのクラスを使用するためのusing宣言を追加します。

②テレメトリを送信するためのTelemetryClientフィールドを追加します。

③ページの表示時に呼び出されるOnGetメソッド内に、カスタムイベントとログ
　を送信するコードを追加します。これは、前の演習の内容とほぼ同じです。

　コーディングは以上です。続いて、Azureリソースを作成していきます。

 ## Step 5：Azureリソースの作成

　Bicepファイルを使用してAzureリソースを定義します。以下は、Bicepファ
イルの、Application Insightsリソースを定義している箇所の抜粋です。前の演習
の場合とほぼ同じです。

main.bicep

```
// Application Insights
resource applicationInsights 'Microsoft.Insights/components ↵
@2020-02-02' = {
  name: applicationInsightsName // リソース名
  location: location // リージョン
  kind: 'web' // アプリケーションの種類 'web','other' など
  properties: {
    // Log Analytics ワークスペース
    WorkspaceResourceId: logAnalyticsWorkspace.id
    Application_Type: 'web' // アプリケーションの種類
    DisableLocalAuth: true // ローカル認証を無効化
  }
}
```

　本演習用のリソースグループを作成し、Bicepを使用して、リソースグループに
Azureリソースをデプロイします。

```
# リソースグループを作成
az group create -n [ リソースグループ名 ] -l [ リージョン名 ]
```

9

Azureを使用したアプリの監視

275

```
# リソースを作成
az deployment group create \
-n [ デプロイ名 ] -g [ リソースグループ名 ] -f [Bicep ファイル名 ]
```

 ## Step 6：設定ファイル「appsettings.json」の作成

　Application Insightsへの接続に必要な値を設定ファイルに記述します。この設定ファイルは.NETの構成ソースの一部となります。

appsettings.json

```
{
  "ApplicationInsights": {
    "ConnectionString": " 接続文字列 "
  }
}
```

 ## Step 7：アプリの実行（イベントとログの送信）

　以下のコマンドを使用して、Webアプリを起動します。デフォルトでは「Properties/launchSettings.json」で指定されたポート番号が使用されますが、以下のようにしてポート番号を明示的に指定できます。

```
dotnet run --urls=http://localhost:8080 &
```

　起動したWebアプリにアクセスします。アプリでイベントとログが発生し、それらがApplication Insightsに送信されます。なお、送信されたデータがApplication Insightsに表示され始めるまで5分ほどかかります。

 ## Step 8：実行結果の確認

　実行結果を確認しましょう。前の演習と同じ方法で、Application Insightsの「トランザクションの検索」画面を表示します。

表示されない場合は、数分ほど待ってから、画面上部の［最新の情報に更新］を
クリックしてください。

また、Application Insightsの画面左のメニューから［ライブメトリック］
をクリックすると、アプリケーションが受け付けたリクエスト（Incoming
Requests）、アプリケーションから外部に送信しているリクエスト（Outgoing
Requests）、サーバーのメモリやCPUなど状況（Overall Health）が、ほぼリア
ルタイムで更新されるグラフが確認できます。

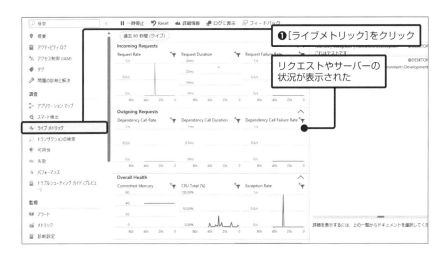

ライブメトリックが表示されず、以下のようなエラーが表示される場合があります。原因となりうるものを示します。

エラーが表示された場合の原因と対策

エラーメッセージ	原因と対策
Data is temporarily inaccessible. The updates on our status are posted here https://aka.ms/aistatus	Webブラウザにインストールされている広告ブロッカーなどが作動しており、WebブラウザがApplication Insightsに接続できていない可能性がある。Webブラウザの「InPrivateウィンドウ」「シークレットウィンドウ」「プライベートウィンドウ」などを使う、一時的に別のWebブラウザなどを使う、などで、広告ブロッカーが作動していないWebブラウザからAzure portalにアクセスすること
利用不可：アプリケーションに接続できませんでした	①アプリが起動していない場合は、接続できない。アプリを起動してから、「ライブメトリック」のページを表示すること。②ライブラリが正しくインストールされていない、接続文字列が正しく設定されていない、C#のコードが正しくコーディングがされていないなどの可能性がある。設定を見直すこと

- 公式のトラブルシューティングのページ

  https://learn.microsoft.com/ja-jp/azure/azure-monitor/app/live-stream#troubleshooting

 ## Step 9：リソースグループを削除

以上で、演習は終了です。本演習用のリソースグループを削除します。

```
az group delete -n [ リソースグループ名 ] -y
```

 ## まとめ

Webアプリのように長時間動き続けるアプリでは、ライブメトリックを使用すると、ほぼリアルタイムでの動作状況の監視を行えます。またWebアプリでは、自動的にリクエストなどの情報もApplication Insightsに送信され、複数の情報が関連付けされて表示されます。たとえば、アプリケーションで例外が発生した場合に「どのようなリクエストが起点となってその例外が発生したのか？」といった調査を容易に行えます。Application Insightsは、本節で解説した基本的な機能に加え、さらに多彩なモニタリング・分析の機能も持っています。公式のドキュメントでぜひ確認してみてください。

Chapter 10

Azureによる
機密情報と構成の管理

本章では、機密情報などを管理する Azure Key Vault と Azure
App Configuration について解説します。機密情報などの管理は
運用やコードのメンテナンス性に関わるものなので、実際のシステ
ム運用では欠かせない知識です。

Azure Key Vaultとは

本章では、アプリからのAzure利用パターン (P.14参照) のうち、「アプリの設定をAzureで管理する」について解説します。まずは、APIキーなどの機密情報を管理するAzure Key Vaultで、アプリの設定を管理する方法について見ていきましょう。

 ## Azure Key Vaultとは

Azure Key Vault (以降、Key Vault) は、シークレット (アプリが使用するAPIキー、接続文字列、パスワードなどの機密情報)、データの暗号化に使用されるキー、TLS/SSL証明書をAzureで一元管理するサービスです。「**キーコンテナー**」と呼ばれるリソースを作り、その中に、シークレットなどの情報を記録します。

Key Vaultのリソース

Key Vaultに記録する機密情報の種類

機密情報の種類	概要
シークレット	APIキー、接続文字列、パスワードなどの機密情報を管理する
キー	ストレージアカウント等の暗号化を行う暗号化キーを管理する
証明書	ロードバランサーのサービスなどで使用されるTLS/SSL証明書を管理する

本書では「シークレット」の利用方法を解説します。「シークレット」の利用によるメリットには、次のようなものがあります。

● 「シークレット」を利用するメリット①

　管理者はKey Vaultにシークレットを設定することで、**シークレットの一元管理、ローテーション（定期的な更新）などの作業がしやすくなります。**

管理者によるシークレットの設定

管理者　　　　　　シークレットを設定　　　Key Vault
　　　　　　　　　　　　　　　　　　　　　キーコンテナー

● 「シークレット」を利用するメリット②

　アプリは、外部のサービスに接続する際に、Key Vaultからシークレットを読み込んで利用します。コード内や設定ファイルに、シークレットを保存する必要がなくなるので、**コードのメンテナンス性が向上します。**

アプリによるシークレットの利用

Key Vault　　シークレットを　　　　　シークレットを使用して　　外部サービス
キーコンテナー　読み取り　　　　　　　外部サービスを利用

◉ シークレットの記録

　1つのキーコンテナー内には、複数のシークレットを記録できます。それぞれのシークレットは名前で区別され、自動的にバージョン管理されます。シークレットを新しく作成したり、値を更新したりすると、自動的に新しいバージョンが作られます。各バージョンは、自動的に割り振られる「**バージョン識別子**」で区別されます。

10

Azureによる機密情報と構成の管理

281

シークレットの構造

名前: secret1

| バージョン識別子: 9f437223dcc1406ab068b1ef6dcc8b27 |
| シークレット値: secretvalue1 |

| バージョン識別子: 68001db068a4476aa44d2b2e819e1e56 |
| シークレット値: secretvalue2 |

　アプリ側で特定のバージョンを利用したい場合は、シークレットのバージョン識別子を指定して読み取りを行います。バージョン識別子を指定しない場合は、最新のバージョンが取り出されます。

 ## アプリからのKey Vaultシークレットの利用

　Key Vaultに格納されたシークレットをアプリから利用する方法は、いくつか用意されています。

Key Vaultシークレットの主な利用方法

No	方法	概要
①	Azure SDK	Key Vault シークレットのクライアントライブラリを利用して、Key Vaultから直接シークレットを取り出す
②	.NET構成プロバイダー	第4章で解説した「構成プロバイダー」としてKey Vaultを使用する
③	App Configuration の「Key Vault参照」	アプリがApp Configurationを使用して構成を読み取るのと同じ方法で、Key Vaultのシークレットを読み取ることができる
④	App ServiceとAzure Functionsの「Key Vault参照」	App ServiceやAzure Functionsの「アプリケーション設定」の値にKey Vaultを参照する文字列を設定する。アプリでは環境変数を使用してシークレットを読み込める

　①のAzure.Security.KeyVault.Secretsパッケージを使用する方法が、最も汎用的な方法です。このあとの演習で解説します。
　.NETの構成プロバイダー（第4章で解説済み）の一部としてKey Vaultを使用するには、②または③の方法が利用できます。②ではKey Vaultのみ、③ではKey VaultとApp Configurationの両方を参照できます。
　②はAzure.Extensions.AspNetCore.Configuration.Secretsパッケージを使

用します。本書では解説しませんが、詳しくは以下のドキュメントを参照してください。

- **ASP.NET CoreのKey Vault構成プロバイダー**

  https://learn.microsoft.com/ja-jp/aspnet/core/security/key-vault-configuration

　P.294のApp Configurationの演習では、③の方法を解説します。

　アプリをApp ServiceやAzure Functions上でホスティングする場合は④の「Key Vault参照」が利用できます。Azureの設定だけで利用でき、コーディングが不要です。本書では解説しませんが、詳しくは以下のドキュメントを参照してください。

- **App ServiceとAzure FunctionsのKey Vault参照を使用する**

  https://learn.microsoft.com/ja-jp/azure/app-service/app-service-key-vault-references

10

Azureによる機密情報と構成の管理

Section 58 Key Vault演習： シークレットを読み取るアプリ

それでは、実際にKey Vaultを使用した、コンソールアプリを作りましょう。Key Vaultのキーコンテナーを作り、そこにあらかじめテスト用のシークレット（キーと値）を格納しておきます。プログラムでは、キーを指定して、対応する値をキーコンテナーから取り出します。

 演習の準備：サンプルコードを開く

VS Codeで、サンプルコードの**「proj22-keyvault」フォルダー**を開きましょう。フォルダーの開き方とスクリプトの実行方法は、P.83を参照してください。

また、ソース全体やコマンドの完全な例は、このフォルダー内のファイルで確認してください。以下では、ソースやコマンドで特に重要な部分を抜粋して説明していきます。

 Step 1：プロジェクトの作成

「dotnet new worker」コマンドで.NETのプロジェクトを作成します。

```
dotnet new worker --force
rm {Program,Worker}.cs; touch {Program,Commands}.cs
```

 Step 2：パッケージの追加

プロジェクトに、必要なパッケージを追加します。

```
# ConsoleAppFramework
dotnet add package ConsoleAppFramework --version 4.2.4
# Azure Active Directory 認証クライアント
dotnet add package Azure.Identity --version 1.8.1
# Key Vault シークレットのクライアント
dotnet add package Azure.Security.KeyVault.Secrets --version 4.4.0
```

Step 3：Program.csのコーディング

アプリの起動部分を記述します。

Program.cs

```
using Azure.Identity;
using Azure.Security.KeyVault.Secrets;

ConsoleApp.CreateBuilder(args)
.ConfigureServices((context, services) =>
{
    var credential = new DefaultAzureCredential();
    var endpoint = context.Configuration["keyvault:endpoint"] ?? "";——①
    var uri = new Uri(endpoint);
    var client = new SecretClient(uri, credential);——————②
    services.AddSingleton(client);————————————③
})
.Build().AddCommands<Commands>().Run();
```

①.NETの構成を使用して、設定ファイル（appsettings.json）から、Key
Vaultのエンドポイントを取得します。
②Key Vaultを操作するためのSecretClientを作成します。
③作成したクライアントをDIコンテナーに格納します。

Step 4：Commands.csのコーディング

Key Vaultから指定した名前のシークレットを読み取るGetコマンドを作成します。

Commands.cs

```
using Azure.Security.KeyVault.Secrets;

class Commands : ConsoleAppBase
{
    private readonly SecretClient _client;
    public Commands(SecretClient client) =>
```

10

Azureによる機密情報と構成の管理

```
        _client = client;────────────────────────────①

    public void Get(string key)
    {
        KeyVaultSecret s = _client.GetSecret(key);──────②
        Console.WriteLine(s.Value);─────────────────③
    }
}
```

①DIコンテナーからSecretClientを受け取りフィールドにセットします。
②クライアントのGetSecretメソッドを使用してシークレットを取得します。
③Valueプロパティで、シークレットの値にアクセスします。

　なお、このサンプルコードでは、シークレットの値を確認するため、値を画面に
出力していますが、**本来シークレット値は外部サービスへの接続などのために内部
的に使用するものであり、画面に表示する情報ではありません。**
　コーディングは以上です。続いて、Azureリソースを作成していきます。

 ## Step 5：Azureリソースの作成

　Bicepファイルを使用してAzureリソースを定義します。以下は、Bicepファ
イルの、Key Vaultのキーコンテナーを定義している箇所の抜粋です。

main.bicep

```
// Key Vault の「キーコンテナー」
resource keyVault 'Microsoft.KeyVault/vaults@2022-07-01' = {
  name: keyVaultName // Key Vault の名前
  location: location // リージョン
  properties: {
    sku: {
      name: 'standard' // Key Vault の SKU (standard または premium)
      family: 'A' // ファミリー名 (常に定数 'A' を指定)
    }
    tenantId: subscription().tenantId // Azure AD テナントの ID
    enableRbacAuthorization: true // ロールベースのアクセス制御を使用
  }
}
```

　本演習用のリソースグループを作成し、Bicepを使用して、リソースグループに
Azureリソースをデプロイします。

```
# リソースグループを作成
az group create -n [ リソースグループ名 ] -l [ リージョン名 ]

# リソースを作成
az deployment group create \
-n [ デプロイ名 ] -g [ リソースグループ名 ] -f [Bicep ファイル名 ]
```

 ## Step 6：設定ファイル「appsettings.json」の作成

　Key Vaultへの接続に必要なエンドポイント名を設定ファイルに記述します。
この設定ファイルは.NETの構成ソースの一部となります。

appsettings.json

```
{
  "keyvault": {
    "endpoint": "https://[Key Vault リソース名 ].vault.azure.net/"
  }
}
```

 ## Step 7：Key Vaultにアクセスできるようになるまで待つ

　リソースのデプロイ後、ロールの割り当てが反映されるまで数分ほど時間がかか
る場合があります。本書配布のサンプルコードに含まれる、ステップを順に実行す
るスクリプトでは、第3章でセットアップした補助ツールを使用して、アクセスが
できるようになるまでここで待機しています。

 ## Step 8：Key Vaultへのシークレットの設定

　「az keyvault secret set」コマンドで、キーコンテナーにシークレットを設
定します。「--vault-name」でKey Vault キーコンテナー名、「-n」でシークレット
の名前 (キー)、「--value」でシークレットの値を設定します。

```
az keyvault secret set \
--vault-name [Key Vault キーコンテナー名 ] -n key1 --value value1
```

10

Azureによる機密情報と構成の管理

ここでスクリプトではなく、Azure portal から手動で確認してみましょう。以下の画面のように、Key Vault のキーコンテナーにシークレットが設定されていることがわかります。

キーコンテナーにシークレットが設定されている

Step 9：シークレットを取得（プログラムから）

　プログラムを実行して、シークレットを取得します。「--key」で、Key Vault のシークレットの名前（キー）を指定します。実行すると、Step 8 で設定したシークレットの値が出力されます。

```
dotnet run get --key key1
```

実行結果
```
value1
```

Step 10：リソースを削除

　以上で、演習は終了です。本演習用のリソースグループを削除します。

```
az group delete -n [ リソースグループ名 ] -y
```

まとめ

　本演習では、Key Vault の利用例として、シークレットの値を読み取るプログラムを作成しました。Key Vault を使用することで、コードや設定ファイルの中にシークレット（機密情報）の値を格納せずに済むため、セキュリティが向上します。必要に応じて活用を検討するとよいでしょう。

Section 59

Azure App Configurationとは

本節ではAzure App Configurationの概要を説明します。Key Vaultは、接続文字列やパスワードなどの機密情報を一元管理するセキュリティ重視のサービスでしたが、App Configurationは、**機密情報以外の設定値やフラグを一元管理し、アプリの円滑な運用を支援するサービス**です。本書では、最も基本的な機能を解説します。

Azure App Configurationとは

Azure App Configuration（以降、App Configuration）は「構成」と「機能フラグ」を一元管理するサービスです。

App Configurationを利用するには、対応するAzureリソースである「**構成ストア**」を作成します。「構成ストア」の中には、「構成」と「機能フラグ」という領域があります。

リソースの構造

App Configuration
構成ストア

構成　機能フラグ

App Configurationの構成

構成は、アプリが使用する設定を、キーと値で管理するしくみです。たとえば、第7章の演習で作成した「テキスト読み上げアプリ」では、ボイス名（男性ボイスのja-JP-KeitaNeural、女性ボイスのja-JP-NanamiNeuralなど）や出力ファイル名を設定ファイルで設定していました。これらを、App Configurationの構成で設定することもできます。

10

Azureによる機密情報と構成の管理

構成のイメージ

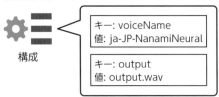

構成

　アプリが複数の場所（たとえば複数のサーバーや複数のリージョン）で運用されるようなケースを考えてみましょう。設定ファイルを使用する場合は、設定を変更する際に、それぞれの運用場所の設定ファイルを更新する必要があります。

　一方、App Configurationを使用する場合は、**設定を変更する際に、App Configurationの「構成」を更新するだけで済みます。**そのため、複数の場所でアプリを運用するなら、メリットが大きいサービスです。

◉ 機能フラグ

　機能フラグは、アプリのある機能の有効・無効の切り替えをApp Configuration側で行えるようにするしくみです。

　たとえば第8章では、App Serviceを使用して「画像アップローダー」のWebアプリを作りました。これに、第7章で解説したComputer Visionを組み合わせると、「アップロードされた画像の説明文を自動的に生成する」という機能が追加できそうです。

　この場合、まずApp ConfigurationにGenerateDescription（説明文の生成）などの名前で、機能フラグを作ります（名前は任意のものでかまいません）。状態は無効としておきます。

機能フラグのイメージ

機能フラグ

　アプリ側では次のような条件文を使用して、機能フラグが有効に設定されている場合に、対応する処理を実行するようにコーディングします。

```
if (await featureManager.IsEnabledAsync("GenerateDescription"))
{
    Computer Vision で画像の説明文を生成する
}
```

そして、このWebアプリを運用場所（たとえばApp Service）にデプロイします。この機能をリリースする（実際に使えるようにする）タイミングが来たら、App Configuration側でフラグを「有効」に切り替えます。すると、アプリでこの機能が実行されるようになります。アプリを再デプロイしたり再起動したりすることなく、機能を有効化できます。

またもし、この画像の説明文を生成する機能にバグが発見された場合には、App Configuration側で機能フラグを「無効」に切り替えて、バグの対処が完了するまで、この機能が実行されないように設定できます。

このように、**機能フラグを使用することで、ある機能の有効・無効の切り替えを簡単に実施できるようになります。** App Configurationでの機能フラグの有効・無効の切り替えは、ほぼリアルタイムでアプリに反映されます。

ラベル

構成や機能フラグでは「**ラベル**」を使用して、環境ごとに異なる設定を行うこともできます。たとえば「development」と「production」というラベルを使用して、開発環境用の設定値と本番環境用の設定値をそれぞれ設定することが可能です。各環境で稼働するアプリは、自身の環境に対応するラベルを指定して、App Configurationから構成や機能フラグを読み取るようにします。

ラベルの利用例

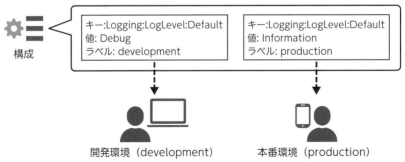

キー:Logging:LogLevel:Default
値: Debug
ラベル: development

キー:Logging:LogLevel:Default
値: Information
ラベル: production

構成

開発環境（development）　　本番環境（production）

10

Azureによる機密情報と構成の管理

App Configurationの料金

App Configurationの料金には、FreeレベルとStandardレベルがあります。Freeレベルは無料で利用できます。Standardレベルは有料です。Freeレベルでは、1つのサブスクリプションにおいて、各リージョンに1つまで構成ストアを作成でき、各構成ストアに対して1日あたり1000件のリクエストを実行できます。本書ではFreeレベルを使用します。なお、Standardレベルでは、これらの制限が緩和されます。詳しくはApp Configurationの料金ページを参照してください。

・App Configurationの料金
https://azure.microsoft.com/ja-jp/pricing/details/app-configuration/

アプリからのApp Configurationの利用

App Configurationをアプリから利用する方法として、以下のようなものがあります。

App Configurationの主な利用方法

No	方法	概要
①	Azure SDK	クライアントライブラリを利用して、App Configurationの構成や機能フラグに直接アクセス
②	.NET構成プロバイダー	第4章で解説した「構成プロバイダー」としてApp Configurationを使用する
③	App ServiceとAzure Functionsの「App Configuration参照」	App ServiceやAzure Functionsの「アプリケーション設定」の値にApp Configurationを参照する文字列を設定する。アプリでは環境変数を使用して構成を読み込める

● ① Azure SDK
①は、クライアントライブラリ（Azure.Data.AppConfigurationパッケージ）を使用して、構成や機能フラグを直接読み書きするという方法です。①について詳しくは以下のドキュメントを参照してください。

・Azure.Data.AppConfiguration samples for .NET
https://learn.microsoft.com/en-us/samples/azure/azure-sdk-for-net/azure-app-configuration-client-sdk-samples/

● ② .NET構成プロバイダー

②は、App Configurationを.NETの構成プロバイダーの一部として使用する方法です。.NETアプリではMicrosoft.Extensions.Configuration.AzureApp Configurationパッケージを使用します。ASP.NET Core Webアプリ向けの追加機能を提供するMicrosoft.Azure.AppConfiguration.AspNetCoreパッケージ、Azure Functions（分離ワーカープロセス）向けの追加機能を提供するMicrosoft. Azure.AppConfiguration.Functions.Workerも提供されています。

アプリでApp Configurationの構成値や機能フラグを参照するには、①よりも②のほうが便利であるため、本書では②を採用し、.NETアプリ向けの実装方法を、このあとの節で解説していきます。

● ③ App Configuration参照

アプリがApp ServiceやAzure Functions上でホスティングされる場合は③の「App Configuration参照」も利用できます。この方法の場合、Azureの設定だけで利用できます。本書では解説しませんが、詳しくは以下のドキュメントを参照してください。

• App ServiceとAzure FunctionsのApp Configuration参照を使用する
  https://learn.microsoft.com/ja-jp/azure/app-service/app-service-configuration-references

10

Azureによる機密情報と構成の管理

App Configuration演習：
構成を読み取るアプリ

それでは、実際にApp Configurationを使ってみましょう。本演習では、App Configurationの構成、機能フラグ、Key Vault参照（P.280参照）を利用するプログラムを作成します。

本演習で作成するコンソールアプリのイメージ

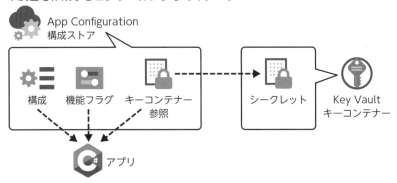

演習の準備：サンプルコードを開く

VS Codeで、サンプルコードの **「proj23-appconfig」フォルダー** を開きましょう。フォルダーの開き方とスクリプトの実行方法は、P.83を参照してください。

また、ソース全体やコマンドの完全な例は、このフォルダー内のファイルで確認してください。以下では、ソースやコマンドで特に重要な部分を抜粋して説明していきます。

演習の準備：プロジェクトの作成

Step 1：プロジェクトの作成

「dotnet new worker」コマンドで.NETのプロジェクトを作成し、ファイルを調節します。

```
dotnet new worker --force
rm {Program,Worker}.cs; touch {Program,Commands}.cs
```

Step 2：パッケージの追加

プロジェクトに、必要なパッケージを追加します。

```
# ConsoleAppFramework
dotnet add package ConsoleAppFramework --version 4.2.4
# Azure Active Directory 認証クライアント
dotnet add package Azure.Identity --version 1.8.1
# App Configuration のクライアント
dotnet add package \
    Microsoft.Extensions.Configuration.AzureAppConfiguration \
    --version 5.2.0
# App Configuration 機能フラグのクライアント
dotnet add package Microsoft.FeatureManagement --version 2.5.1
```

 ## Step 3：Program.csのコーディング

アプリの起動部分を記述します。

Program.cs

10

Azureによる機密情報と構成の管理

```
using Azure.Identity;
using Microsoft.FeatureManagement;

ConsoleApp.CreateBuilder(args)
.ConfigureAppConfiguration((context, config) =>─────────────①
{
    var endpoint = config.Build()["appconfig:endpoint"] ?? "";─②
    config.AddAzureAppConfiguration(options =>─────────────③
    {
        var credential = new DefaultAzureCredential();
        options.Connect(new Uri(endpoint), credential);─────④
        options.UseFeatureFlags();─────────────────────⑤
        options.ConfigureKeyVault(kv =>─────────────────⑥
            kv.SetCredential(credential));
    });
})
.ConfigureServices((context, services) =>
    services.AddFeatureManagement()─────────────────────⑦
).Build().AddCommands<Commands>().Run();
```

①ConfigureAppConfigurationで、このアプリの「構成」に変更を加えます。
②設定ファイルに記録されているApp Configurationのエンドポイントを取得
します。
③AddAzureAppConfigurationで、「構成」にApp Configurationを追加
します。
④App Configurationストアへの接続を行います。
⑤機能フラグを利用するためのメソッドを呼び出します。
⑥Key Vault参照を利用するためのメソッドを呼び出します。
⑦機能フラグを使用するには、ConfigureServicesの中でAddFeature
Managementメソッドを呼び出す必要があります。

なお、②では、これまでの演習で使ってきた「context.Configuration["キー"]」
ではなく「config.Build()["キー"]」と記述しています。
ConfigureAppConfigurationが実行される時点では、まだこのアプリの構
成が「ビルド」されていないため、構成プロバイダー（ここでは設定ファイル
「appconfig.json」）からの値の読み込みができません。ここで明示的に構成の「ビ
ルド」を行うことで、設定ファイルなどからの構成の読み取りが可能となります。

● Step 4：Commands.csのコーディング

App Configurationから構成、機能フラグ、Key Vaultシークレットの読み取
りを行うコマンドを作成します。

Commands.cs

```
using Microsoft.FeatureManagement;

class Commands : ConsoleAppBase
{
    private readonly IConfiguration _config;
    private readonly IFeatureManager _feature;
    public Commands(IConfiguration config, IFeatureManager fm) =>
        (_config, _feature) = (config, fm);
    public async Task Test()
    {
        // 構成の読み取り
        var value = _config["key1"]; ─────────────────①
```

```
        Console.WriteLine($"key1: {value}");

        // 機能フラグの読み取り
        if (await _feature.IsEnabledAsync("Feature1"))————②
            Console.WriteLine("Feature1: 有効 ");
        else
            Console.WriteLine("Feature1: 無効 ");

        // Key Vault 参照を使用したシークレットの読み取り
        var secretValue = _config["secret1"];————③
        Console.Write($"secret1: {secretValue}");
    }
}
```

①App Configurationの構成で、キーに対応する値を読み取ります。

②App Configurationの機能フラグの状態を取得します。

③App ConfigurationのKey Vault参照を使用して、Key Vaultから、キーに対応するシークレットの値を取得します。

　ここで①と③の読み取りでは.NETの構成（_config）を使用しているところがポイントとなります。App Configurationは構成ソースの一部となっているため、設定ファイルの値などを読み取る場合とまったく同じ方法で、App Configurationの値にアクセスできます。

　コーディングは以上です。続いて、Azureリソースを作成していきます。

● Step 5：Azureリソースの作成

　Bicepファイルを使用してAzureリソースを定義します。以下は、Bicepファイルの、App Configurationの構成ストアを定義している箇所の抜粋です。

main.bicep

```
// Azure App Configuration 構成ストア
resource configStore 'Microsoft.AppConfiguration/
configurationStores@2022-05-01' = {
  name: configStoreName // リソース名
  location: location // リージョン
```

10

Azureによる機密情報と構成の管理

```
  sku: {
    name: 'free' // SKU (free / standard)
  }
}
```

　本演習用のリソースグループを作成し、Bicepを使用して、リソースグループに
Azureリソースをデプロイします。

```
# リソースグループを作成
az group create -n [ リソースグループ名 ] -l [ リージョン名 ]

# リソースを作成
az deployment group create \
-n [ デプロイ名 ] -g [ リソースグループ名 ] -f [Bicep ファイル名 ]
```

 Step 6：設定ファイル「appsettings.json」の作成

　App Configurationへの接続に必要なエンドポイント名を設定ファイルに記述
します。この設定ファイルは.NETの構成ソースの一部となります。

appsettings.json

```
{
  "appconfig": {
    "endpoint": "https://[App Configuration リソース名 ].azconfig.io"
  }
}
```

 Step 7：Key Vaultにアクセスできるようになるまで待つ

　リソースのデプロイ後、ロールの割り当てが反映されるまで数分ほど時間がかか
る場合があります。本書配布のサンプルコードに含まれる、ステップを順に実行す
るスクリプトでは、第3章でセットアップした補助ツールを使用して、アクセスが
できるようになるまでここで待機しています。

Step 8：App Configurationにアクセスできるようになるまで待つ

Step 7と同様、App Configurationにアクセスできるようになるまでここで待機します。App Configurationに格納されているデータにアクセスできるようになるまで、最大で15分かかる場合があります。

 Step 9：App Configurationへの構成値／機能フラグ設定

「**az appconfig kv set**」**コマンド**で、App Configurationの構成値を設定します。「-n」でApp Configuration名、「--key」でキー、「--value」で値を指定します。「-y」で、プロンプト（確認）なしで設定を行います。

```
az appconfig kv set -n [App Configuration名] \
--key 'key1' --value 'value1' -y
```

「**az appconfig feature set**」**コマンド**で機能フラグを作ります。この時点ではフラグの状態は「無効」です。「az appconfig feature enable」コマンドで、フラグの状態を「有効」にします。「--feature」で機能フラグ名を指定します。

```
az appconfig feature set -n [App Configuration名] \
--feature Feature1 -y
az appconfig feature enable -n [App Configuration名] \
--feature Feature1 -y
```

 Step 10：Key Vaultへのシークレットの設定

「az keyvault secret set」コマンドで、Key Vaultのシークレットを設定します。

```
az keyvault secret set \
--vault-name [Key Vault キーコンテナー名] -n key1 --value value1
```

 Step 11：Key Vault参照の作成

「**az appconfig kv set-keyvault**」**コマンド**で、App ConfigurationにKey Vault参照を作成します。「--secret-identifier」には「シークレット識別子」を指定します。これはKey Vaultのシークレットを指し示すURIです。

10

Azureによる機密情報と構成の管理

```
secretUri="https://[Key Vault 名].vault.azure.net/secrets/secret1"
az appconfig kv set-keyvault \
-n [App Configuration 名] --key secret1 \
--secret-identifier "$secretUri" -y
```

 Step 12：構成、機能フラグ、Key Vault参照を取得

　プログラムを実行して、構成、機能フラグ、Key Vault参照を取得します。

```
dotnet run test
```

　実行すると、構成の値、機能フラグの状態、Key Vaultシークレットの値が出力されます。

実行結果
```
key1: value1
Feature1: 有効
secret1: secretvalue1
```

 Step 13：リソースグループを削除

　以上で、演習は終了です。本演習用のリソースグループを削除します。

```
az group delete -n [ リソースグループ名 ] -y
```

 まとめ

　本演習では、App Configurationの利用例として、構成と機能フラグを読み取りました。App Configurationを使用することで、アプリ側（設定ファイルなど）ではなく、App Configuration側で、構成を一元管理できるようになります。また機能フラグを使用して、App Configuration側から、アプリの特定機能の有効・無効の状態を切り替えられるようになります。

　また、本演習ではApp ConfigurationのKey Vault参照も使用しました。これによって、Key Vaultのシークレットに明示的にアクセスするコードを書くことなく、App Configurationの構成を参照するのと同じ方法で、Key Vaultのシークレットの値を取り出せるので、便利な方法です。

Appendix Azureや.NETの公式サイト集

●Azure

- Microsoft Learn「Azureアカウントの作成」
  https://learn.microsoft.com/ja-jp/training/modules/create-an-azure-account/
- Azureの柔軟な購入オプションのご紹介
  https://azure.microsoft.com/ja-jp/pricing/purchase-options/
- 動画：「Microsoft Azure利用ガイド - 4章 Microsoft Azure利用開始までの流れ」（日本マイクロソフト株式会社 公式チャンネル）
  https://www.youtube.com/watch?v=qrxrlaPgNBY
- Azureのサポート
  https://azure.microsoft.com/ja-jp/support/options/
- Azureサポートプランの比較
  https://azure.microsoft.com/ja-jp/support/plans/
- Azureサポートプランに関するFAQ
  https://azure.microsoft.com/ja-jp/support/faq
- Azureお問い合わせ（ページ下部にリンクがあります）
  https://azure.microsoft.com/ja-jp/

●.NET（C#）

- .NETのドキュメント
  https://learn.microsoft.com/ja-jp/dotnet/fundamentals/
- .NETのリリースノート
  https://github.com/dotnet/core/blob/main/release-notes/README.md
- C#のドキュメント
  https://learn.microsoft.com/ja-jp/dotnet/csharp/
- C#チュートリアル
  https://learn.microsoft.com/ja-jp/visualstudio/get-started/csharp/?view=vs-2022
- C#のコーディング規約
  https://learn.microsoft.com/ja-jp/dotnet/csharp/fundamentals/coding-style/coding-conventions

INDEX

記号

.NET	30
.NET SDK	44
.NET の「構成」	99
.vscode	80

A

App Service アプリ	214
App Service プラン	214
Application Insights	258, 261
appsettings.json	117
ARM テンプレート	24
ASP.NET Core	35, 40
az acr build コマンド	250
az container create コマンド	243, 251
az container logs コマンド	251
az deployment group create コマンド	141
az group create コマンド	139
az keyvault secret set コマンド	287
az login コマンド	60
Azure	10
Azure Active Directory	145
Azure App Configuration	289
Azure App Service	214
Azure Blob Storage	158
Azure CLI	24, 46, 138
Azure Cloud Shell	23
Azure Cognitive Services	195
Azure Communication Services	184
Azure Container Instances	242
Azure Container Registry	245
Azure Cosmos DB	169
Azure Functions	225
Azure Functions Core Tools	49
Azure Identity クライアントライブラリ	148
Azure Key Vault	280
Azure Monitor	257
Azure portal	18, 23

Azure PowerShell	24
Azure SDK	34, 135
Azure サブスクリプション	21
Azure サブスクリプションの作成	17
Azure 無料アカウント	19, 27
Azure 料金計算ツール	27
az コマンド	57

B・C・D

Bicep	24, 140
BlobClient	161
BlobContainerClient	160
BlobServiceClient	160
Blob コンテナー	158
C#	32
Computer Vision	196
ConsoleAppFramework	39, 105
Cosmos DB アカウント	169
CosmosClient	172
DefaultAzureCredential	149
DI	90
Docker	246
Dockerfile	242
dotnet new console コマンド	77
dotnet new webapp コマンド	121
dotnet new worker コマンド	106
dotnet run コマンド	79
dotnet コマンド	57

E・F・G・H・I

Entity Framework Core	35
func start コマンド	236
Git for Windows	47
GitHub アカウント	17
Homebrew (brew コマンド)	47
IaC	24

K・L・M・N・O

KQL	259
Kubernetes	246

Log Analytics 259
main.bicep 141
Microsoft アカウント 17
NuGet パッケージマネージャ 83
OmniSharp 77

P・R・S・V・W

Program.cs 78
Razor Pages 41
REST API 25
Speech Service 195
Visual C++ 再頒布可能パッケージ 50
Visual Studio 37
Visual Studio Code 26, 48
Web アプリ 40

あ行

アプリケーション設定 215
イメージ 242
インストルメンテーション 261
インプロセス 229
エンドポイント 143

か行

拡張機能 55
関数アプリ 36, 226
キーコンテナー 280
機能フラグ 290
組み込みロール 150
クライアントライブラリ 136
グループ 145, 153
構成ストア 289
構成ソース 100
構成プロバイダー 100
項目 (item) 170
コマンドパレット 52
コンソールアプリ 38
コンテナー 241
コンテナーグループ 243

さ行

サービスプリンシパル 64, 146, 154
従量課金制 19
職務ロール 150
スクリプトの実行方法 84
ストレージアカウント 158
接続文字列 262
属性 233

た・な行

ターミナル 56
テレメトリ 261
特権管理者ロール 150
トリガー 225
認証 145

は・ま行

パーティションキー 170
バインド 225
非同期処理 127
ビルトインコンテナーサポート 254
プラグマ 176
分離ワーカープロセス 229
マネージド ID 147, 155
マネジメントライブラリ 25, 137
モニタリング 256

や・ら行

ユーザー 146
ユーザーシークレット 104
容量モード 171
ライブメトリック 258
ラベル 291
リージョン 13
リソース 22
リソースグループ 21, 139, 141
レコード型 176
ロール 150, 153
ロギング 96

●著者紹介

山田裕進（やまだ・ひろみち）

2020年より、マイクロソフトで、Azureテクニカルトレーナーとして活動中。Azureの公式トレーニングを毎週担当している。アプリケーション開発技術、オープンソース、開発者向けのクラウドサービスなどに特に興味がある。

担当：吉成明久
企画・編集：藤井 恵（リブロワークス）
カバー・本文デザイン・DTP：横塚あかり（リブロワークス・デザイン室）

●特典がいっぱいのWeb読者アンケートのお知らせ

C&R研究所ではWeb読者アンケートを実施しています。アンケートにお答えいただいた方の中から、抽選でステキなプレゼントが当たります。詳しくは次のURLのトップページ左下のWeb読者アンケート専用バナーをクリックし、アンケートページをご覧ください。

C&R研究所のホームページ **https://www.c-r.com/**

携帯電話からのご応募は、右のQRコードをご利用ください。

クラウドアプリ構築の流れと手法がよくわかる!
Microsoft Azureアプリ開発入門ガイド

2023年9月15日　初版発行

著　者　　山田裕進
発行者　　池田武人
発行所　　株式会社　シーアンドアール研究所
　　　　　新潟県新潟市北区西名目所4083-6（〒950-3122）
　　　　　電話　025-259-4293　FAX　025-258-2801
印刷所　　株式会社　ルナテック

ISBN978-4-86354-403-1 C3055
©Hiromichi Yamada, 2023

Printed in Japan